생활 속

마찰 이야기

생활 속

마찰 이야기

–

초판 1쇄 1983년 06월 15일
개정 1쇄 2022년 05월 17일

–

지은이 소다 노리무네
옮긴이 이봉구
발행인 손영일
디자인 장윤진

–

펴낸곳 전파과학사
출판등록 1956. 7. 23 제 10-89호
주   소 서울시 서대문구 증가로18, 204호
전   화 02-333-8877(8855)
팩   스 02-334-8092
이메일 chonpa2@hanmail.net
홈페이지 www.s-wave.co.kr
공식 블로그 http://blog.naver.com/siencia

ISBN 978-89-7044-706-3(03420)

생활 속

마찰 이야기

소다 노리무네 지음 | 이봉구 옮김

전파과학사

목차

1장

마찰의 세계로의 문

하나의 추억

나는 일본의 호쿠리쿠(北陸)에서 가까운 작은 마을에서 태어나 소년 시절을 보냈는데, 아버님의 본가는 이 마을에서 약 15㎞쯤 더 들어간 산기슭의 한촌이었다. 옛날에는 대대로 촌장을 지내신 관계로 아버님 댁은 그 근방에서 비교가 될 수 없을 정도로 컸고 또 매우 오래된 집이었다. 아버님의 말씀으로는 약 400년쯤 되었을 것이라고 한다. 방이란 방은 모두 낡은 절과 같이 어둠침침하고, 검은 기둥과 문짝들이 늘어서 있었다.

여름방학이 되면 우리 형제들은 이 집에서 지내기 위해 어김없이 그곳으로 가곤 했었다. 시내 집에서 그 크고 오래된 아버님 집으로 가면, 언제나 그 쌀랑하고 중후한 모습에 압도당하곤 했다. 그 집에는 할머님 한 분만이 살고 계셨는데, 언제나 무뚝뚝한 얼굴로 환대해주셨다. 그래도 아버님 말씀으로는, 해마다 아버님에게 「올해도 손자들이 다니러 오겠지?」하고 다져 물으셨다고 한다.

아버님의 이 본가에서는 여러 가지 추억이 있는데 지금 『마찰 이야기』를 하려고 생각하니 제일 먼저 머리에 떠오르는 것은, 우리들의 침실로 썼던 안방의 육중한 문짝이다. 아마 느티나무 판자 한 장을 통째로 써서 만든 문짝이 아니었나 생각되는데, 밤에 잘 때 이 문짝을 닫는 것이 무척 큰일이었다. 한 사람으로는 도저히 닫을 수가 없었고, 두세 사람이 달려들어 여차여차하며 용을 써야 닫을 수가 있었다. 때로 도저히 감당할 수 없을 때는 할머님께 부탁했다. 그러면 할머님께서는 양초 조각을 가지고 오셔서 잠자코 문턱에다 그것을 칠해주셨다. 그러자 마치 무거운 문짝이 공

중에 뜬 것같이 가벼워져서 혼자서도 가볍게 여닫을 수 있었다. 그 당시에는 별로 이상하게 느끼지도 않았고 그저 무거운 문짝이니까 어른이 아니라면 움직일 방법이 없으려니 하고 생각했을 뿐이다. 초등학교 1학년생으로는 열 수 없는 마찰의 문이었다. 또 마찰의 세계로의 문이기도 했다.

초등학교 1학년생으로는 무거운 문짝을 열 수 없었고, 더더구나 그것이 중요한 마찰의 세계로 통하는 문이라고 깨닫지도 못했다. 그러던 중 아버님의 본가는 마을을 휩쓴 큰불로 모두 타버렸고 지금은 다만 어린 기억 속에서 외딴섬처럼 때로 한 점의 그리움만이 떠오르는 데 지나지 않는다. 그러나 이 외딴섬에서는 언제나 1학년생인 꼬마가 전신의 힘을 쥐어짜며 무거운 문짝의 마찰과 씨우고 있다.

레일리 경의 마찰의 문

레일리(J. W. S. Rayleigh) 경은 19세기 후반에서부터 금세기 초에 걸친 영국의 물리학자이다. 음향학과 전자기학, 광학, 그 밖에 고전 물리학의 영역에서 매우 많은 업적을 남긴 사람이다.

레일리 경의 마찰의 문은 아버님 집의 문짝처럼 무거운 것은 아니었다. 그것은 홍차를 담은 찻잔 하나에 지나지 않았다. 그러나 그는 이 찻잔 하나의 관찰로부터 무겁디무거운 마찰의 세계의 문을 열어젖혔던 것이다.

손님으로 가면 흔히 부인이 홍차를 대접하기 위하여 찻잔을 접시에 올려서 날라 온다. 이따금 홍차를 조금 흘리고는 「차를 흘렸군요. 실례했습니다」라고 사과를 하는 경우가 있다. 심하면 떨어뜨려 쨍그랑하고 깨지는

얇은 기름막

넘쳐흐른 홍차의 못
못의 표면에 부상된 기름막

(a) 찻잔의 밑굽과 접시의 표면은 얇은 기름막
   으로 분리되어 있다—미끄러지기 쉬운 상태

(b) 찻잔의 밑굽과 접시의 표면 사이에 기름막
   이 없어졌다—미끄러지기 어려운 상태

그림 1-1 | 홍차 찻잔으로부터 넘쳐흐른 홍차의 움직임

경우도 있다. 보통 찻잔이 접시 위에서 미끄러져 움직이는 것을 멎게 하려고 접시를 기울이기 때문이다. 어쨌든 찻잔은 접시 위에서는 미끄러지기 쉽다. 그런데 레일리는 이 찻잔의 홍차가 조금 쏟아져 찻잔의 밑굽을 적시면 쉽게 미끄러지지 않는다는 것을 알았다. 마른 접시와 찻잔의 밑굽 사이는 미끄러지기 쉬우나, 그곳이 일단 적셔지면 잘 미끄러지지 않게 된다. 이러한 마찰의 변화는 어떻게 해서 일어나는 것일까?

그는 곧 찻잔의 밑굽과 접시 사이의 마찰에 해당할 만한 간단한 실험을 해보았다. 작은 유리병과 유리판 사이에서 마찰 실험을 했다. 유리병 바닥은 움푹 들어가 있어 꼭 찻잔의 밑굽과 흡사하다. 이것을 올려놓은 유리판을 차츰차츰 기울여서 끝내 병이 미끄러질 때의 각도로부터 마찰을 산출한다. 이것은 경사법(傾斜法)이라는 가장 간단한 마찰을 구하는 방법의 하나이다. 그리고 틀림없이 마른 상태에서는 마찰이 작고, 젖으면 커져서 미끄러지기 어렵게 된다는 것을 확인했다.

그러나 문제는 왜 그렇게 되느냐는 것이다. 간단한 것 같지만 상당히 어려운 문제이다. 레일리와 같은 시대의, 그것도 같은 영국의 대물리학자였던 켈빈(Kelvin) 경과도 이 찻잔의 일로 토론했으나 결국은 잘 알 수 없었다고 1918년의 논문 서두에 정직하게 써놓고 있다. 그러나 어느 정도의 추정은 했다. 유리병의 실험 외에도 더 많은 실험을 했는데, 찻잔의 밑굽이나 접시의 표면은 깨끗하고 물기가 없는 것처럼 보이지만 그 표면에는 손가락이나 행주의 기름기가 조금씩 붙어 있어, 그것이 마찰을 작게 하고 있다. 즉 미끄러지기 쉽게 하고 있다. 그러나 물이나 특히 뜨거운 홍차가 흘러서 밑굽이 젖으면, 그곳의 기름기가 홍차의 표면에 떠올라, 자세히 관찰하면 찻잔의 밑굽과 접시가 닿아 있는 부분에는 기름기가 없어져서 잘 미끄러지지 않는 것이 아닐까 하는 것이다.

레일리의 실험은 고체 사이 마찰의 크고 작은 것에 대한 기름의 영향에 관한 학문에 하나의 문을 열었다. 이 기름의 작용은 현재 널리 기름의 윤활작용으로 부르고 있다. 또 기름의 막(油膜)이 어느 정도로 두꺼우냐에 따라 윤활 작용은 효과뿐만이 아니라 작용 원리에서도 매우 다르다는 것이 밝혀져 있다. 앞의 학문 영역은 이미 레일리 이전에 적어도 원리적으로는 해결되어 있었다. 그러나 뒤의 영역, 특히 기름의 부착막이 매우 얇은 분자막으로 한 장이나 두 장 등일 경우(두께로 1㎜의 100만 분의 몇이라는 정도)의 작용에 대해서는 그때까지 거의 손이 미치지 않았었는데, 레일리는 이 방면의 마찰 세계에 처음으로 발을 들여놓은 선구자의 한 사람이었다.

마찰의 실험 교실

레일리는 찻잔이 건조한 상태이면 미끄러지기 쉽고, 밑굽이 젖어 있으면 미끄러지기 어렵다는 것으로부터 마찰의 연구를 시작했으나, 실제로 그 마찰이 어느 크기이며, 젖어 있거나 젖어 있지 않은 데 따라 그것이 어느 정도 차이가 나는지를 숫자로는 나타내지 않았다. 이것은 간단한 일이므로 실험해보자. 천천히 기울여가서 큰 각도까지 미끄러지지 않는 것이 밑굽의 마찰이 큰 것은 물론이다. 접시를 적당한 판자에 고무 고리나 끈으로 고정해 그 위에 찻잔을 올려놓고, 조용히 기울여서 찻잔이 미끄러지기 시작하는 각도를 읽음으로써 충분히 알 수 있다. 사용한 도구는 집에

그림 1-2 | 홍차 찻잔의 마찰 측정

있는 귤 상자로 직접 만든 것으로(그림 1-2), 판을 기울이는 데는 장난감 전차의 모터를 이용해서 실로 천천히 끌어당겨 올리는 구조로 되어 있지만, 손재간이 있는 사람이면 손으로 기울여도 충분하다.

실험한 결과를 〈표 1-1〉에 나타냈다. 실험치는 할 때마다 차이가 나기 때문에 3회씩 측정해서 그 평균치로 써 비교했다. 건조한 상태, 즉 접시의 표면과 찻잔의 밑굽을 깨끗한 행주로 닦은 상태에서는 10도 남짓한 데서 미끄러지기 시작하는데, 밑굽 부분을 수돗물로 조금 적시면 22도 전후, 즉 2배 이상의 각도까지 미끄러져 나가지 않는다. 그러나 뜨거운 물에 적시면(바로 식지만 적실 때 뜨거운 것이 의미가 있는 것 같다) 3배 가까운 각도까지, 즉 26도 이상까지 미끄러져 나가지 않는다. 이로써 밑굽을 적시면 잘 미끄러지지 않는다는 것이 틀림없는 사실이라는 것을 알 수 있다. 따라서 만일 손님에게 홍차나 커피를 대접할 기회가 있다면, 나르기 전에 찻잔의 밑굽을 조금 적셔두면 찻잔이 미끄러지는 실수를 방지할 수 있다. 이것도 작은 생활의 슬기라고 할 수 있다.

〈표 1-1〉에서 미끄러지기 시작하는 각도의 옆자리에 적은 μ_s 값의 뜻에 대해서는 뒤에서 자세히 설명하기로 한다.

레일리의 마찰 연구는 찻잔이 접시 위에서 미끄러지기 쉽다는 성질의 관찰에서 발단하여 작은 유리병 바닥과 유리판 사이의 마찰 실험을 시도하고, 그것으로부터 여러 가지 새로운 사실을 발견해나갔다. 필자도 여기서 아주 간단한 신변의 실험을 통하여 마찰의 몇 가지 성질을 찾아, 여러분과 함께 마찰현상을 실감하고 싶다. 이것은 마찰과 같은 공학이나 물리

표 1-1 | 홍차 찻잔과 접시 사이의 마찰

밑굽의 상태	마른 상태		물로 적셔진 상태		뜨거운 물로 적셔진 상태	
	미끄러진 각도	μ_s	미끄러진 각도	μ_s	미끄러진 각도	μ_s
측정치	10° 0′		22° 20′		26° 0′	
측정치	10° 40′		22° 0′		28° 30′	
측정치	10° 20′		21° 40′		25° 20′	
측정치	(10° 20′)	(0.18)	(22° 0′)	(0.40)	(26° 37′)	(0.50)

( )속은 평균치, 홍차 찻잔의 중량은 90g. 홍차는 넣지 않고 실험을 했다.

학, 화학, 또는 재료학 등의 사이에 있어서, 그 어느 학문 체계에도 속하지 않는, 이른바 중간 영역의 학문에서는 무엇보다도 기존 학문 체계의 사고로 생각하기에 앞서, 있는 그대로 사실을 관찰하는 실증적(實證的) 태도가 중요하다고 생각하기 때문이다.

실험 도구로서는 마찰력을 측정하는 것이 있으면 된다. 필자 주위에는 2kg짜리 용수철저울이 있으므로 그것으로 해보기로 하자. 그다지 정밀하지는 못하나 마찰의 성질을 대충 파악하기에는 충분할 것이다.

어떤 물체의 마찰을 측정해볼까? 이것도 손쉬운 편이다. 언제나 필자의 책상 위에 놓여 있는 이와나미의 『일본어 사전』(니오시, 이와부치 편)을 이용해보자. 필자의 책상은 벚나무로 만들고 표면을 래커로 칠한 것이다. 이 책상 위에 케이스에 넣은 『일본어 사전』을 놓고 그 사이의 마찰을 조사해보기로 한다.

실험 1. 물체의 무게와 마찰력과의 관계

사전을 케이스에 넣은 채로 판판한 책상 위에 놓고 끈으로 된 고리를 걸쳐 용수철저울을 수평 방향으로 살며시 잡아당긴다(용수철저울 눈금의 0점은 수평 위치에서 정확하게 0의 위치에 조절한다. 〈그림 1-3〉의 (a) 참조). 사전이 미끄러지기 시작할 때 저울의 눈금을 읽는다. 이것이 정상상태로부터 미끄러지기 시작할 때의 마찰력으로서, 정지마찰(력)이라고 부르는 것이다. 그리고 미끄러지기 시작해도 그대로 적당한 속도로 사전이 미끄러져 가게 해서(이것은 다소 숙련을 필요로 한다) 그때의 용수철저울의 눈금을 읽는다. 이것은 물체가 미끄러지고 있는 과정에서 작용하는 마찰력으로서 운동마찰(력)이라 부르는 것이다. 이상의 실험이 끝나면 무게를 바꾸었을 때는 마찰력이 어떻게 변화하는가를 조사한다. 무게를 바꾸는 것도 가까이에 있는 이와나미의 『영어 사전』(시마무라·도이·다나카 공

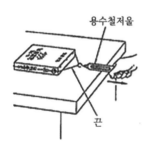

(a) 용수철저울에 의한 방법

(b) 풀리를 넣고 구리추로 끌어당기는 방법.
이것이 정확하다

그림 1-3 | 사전과 책상 표면 사이의 마찰 측정

표 1-2 | 무게와 마찰력

책의 조합	P(g)	F_S(g)	μ_s	F_k(g)	μ_k
A	490	250		130	
A	490	250		140	
A	490	270		130	
A	490	(257)	(0.52)	(133)	(0.27)
A+B	910	480		260	
A+B	910	480		240	
A+B	910	470		240	
A+B	910	(477)	(0.52)	(247)	(0.27)
A+B+C	1450	720		420	
A+B+C	1450	750		450	
A+B+C	1450	740		440	
A+B+C	1450	(737)	(0.51)	(437)	(0.30)

A=490g(일본어 사전), B=420g(영어 사전), C=540g(러시아어 사전), F_S : 정지마찰력, F_k : 운동마찰력, ( ) 속은 평균치

저), 『러시아어 사전』(야스기 저)을 한 권 또는 두 권을 쌓아서 한다.

실험 결과를 〈표 1-2〉에 나타냈다. 마찰력은 3회씩 측정했다. 그 평균치와 무게의 관계를 표에서 확인할 수 있는데 그것을 더 알기 쉽게 그래프로 고친 것이 〈그림 1-4〉이다.

이 그림으로부터 매우 중요한 마찰의 성질 두 가지를 알 수가 있다.

첫 번째는 정지마찰력에서나 운동마찰력에서도 일반적으로 마찰력은 물체의 무게(정확하게 표현하면 마찰면에 작용하는 수직력)에 비례한다는

것이다. 따라서 지금 이 무게를 P, 정지마찰력을 F_S, 운동마찰력을 F_k라고 하면 μ_s, μ_k를 어느 비례상수로 하여

$$F_{S} = \mu_{s}P \text{ 또는 } \mu_{s} = \frac{F_S}{P} \quad \cdots\cdots \langle 수식 1\text{-}1 \rangle$$

$$F_{k} = \mu_{k}P \text{ 또는 } \mu_{k} = \frac{F_k}{P} \quad \cdots\cdots \langle 수식 1\text{-}2 \rangle$$

이라는 실험적 관계가 성립한다. 이 비례상수가 마찰계수(μ_s를 정지마찰계수, μ_k를 운동마찰계수라 부른다)라고 불리는 것이다. 위의 무게와 마찰력과의 비례관계를 마찰계수라는 용어를 써서 표현하면, 무게가 변해도 마찰계수는 일정불변(一定不變)한다는 것이 된다. 사실 〈표 1-2〉로부터 μ_s, μ_k가 각각 거의 일정하다는 것을 알 수 있다.

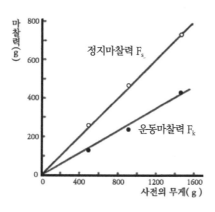

그림 1-4 | 무게와 마찰력과의 관계

두 번째로 중요한 성질은 운동마찰력(운동마찰계수)이 정지마찰력(정지마찰계수)보다 작다는 것이다. 이 성질은 다음과 같은 실험으로부터도 정성적으로 증명할 수 있다. 앞에서 설명한 찻잔을 접시에 얹어 기울인 실험과 같이, 물체를 평면 위에 놓고 그 평면을 조용히 기울인다. 그리고 그 물체가 미끄러지기 시작하는 각도 조금 앞의 상태에서 기울이기를 멈추고 거기서 물체를 빗면의 아래쪽으로 향해 가볍게 밀면 움직이기 시작하는 물체는 빗면 아래까지 정지하지 않고 미끄러져 내린다. 만약 운동마찰력이 정지마찰력보다 크면 미끄러지기 시작해도 빗면의 중간에서 정지하지 않으면 안 된다. 이 관계를 식으로 쓰면 다음과 같다.

$$\mu_s > \mu_k \quad \cdots\cdots \langle 수식\ 1\text{-}3 \rangle$$

실험 2. 접촉 면적과 마찰력과의 관계

〈실험 1〉에서는 일본어 사전을 판판한 책상 위에 놓고 마찰을 측정, 평균 마찰력은 정지마찰력에서 257g, 운동마찰력에서 133g을 얻었다. 앞의 실험으로부터 결론적으로 마찰력은 무게에 비례한다는 사실을 확인했으나, 같은 사전의 무게라도 사전을 놓는 방법, 다시 말해서 평평하게 놓느냐, 세워 놓느냐, 그것도 등을 책상면에 대놓느냐에 따라서 사전과 책상면과의 접촉 면적(마찰 면적)이 달라진다. 그 영향이 실제로 마찰력에 나타나는지를 실험해보기로 하자. 실험 방법은 이전과 같다. 사전은 일본어 사전만 사용한다. 실험 결과를 〈표 1-3〉에 나타냈다. 표 속에 「가로」는 보통의 바로 놓

표 1-3 | 접촉 면적과 마찰력

사전을 놓은 방법	접촉 면적 (㎠)	F_s (g)	μ_s	F_k (g)	μ_k
가로	203 (17.2×11.8)	250		130	
		250		140	
		270		130	
		(257)	(0.52)	(133)	(0.27)
등	43 (17.2×2.5)	250		140	
		260		150	
		270		150	
		(260)	(0.53)	(147)	(0.30)
밑	29.5 (11.8×2.5)	260		150	
		270		140	
		270		150	
		(267)	(0.54)	(147)	(0.30)

중량 P는 모두 490g

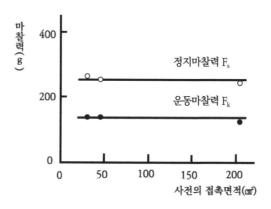

그림 1-5 | 접촉 면적과 마찰력과의 관계

는 방법, 「등」은 케이스의 등 문자를 아래로 놓는 방법, 「밑」은 세로로 세워 놓는 경우이고, 접촉 면적은 케이스의 치수로부터 계산한 값이다.

표를 보면 책상과 사전의 접촉 면적이 「가로」와 「밑」에서 7배 가까이 차이가 나는데도 마찰력(마찰계수)은 거의 차이가 없음을 알 수 있다. 이것은 그래프로 하면 더 잘 알 수 있다. 〈그림 1-5〉가 그것이다. 즉 이 실험으로부터 무게가 일정하면 상대면과 접촉하는 마찰 면적이 어떻든 간에 마찰력(마찰계수)은 변하지 않는다는 재미있는 마찰의 성질이 밝혀진 것이다.

실험 3. 접촉면의 재질이 바뀌었을 때의 마찰

지금까지의 실험은 모두 필자의 책상 위에 직접 사전을 놓고 한 것이었다. 마지막으로 책상 위에 비닐 시트를 깔고, 그 위에 일본어 사전을 평평하게 놓았을 때의 마찰을 측정해보기로 하자. 그 결과 책상 위에서 미끄러지게 했을 때의 정지마찰력, 운동마찰력이 〈표 1-2〉, 〈표 1-3〉에 보인 것과 같이 각각 257g, 133g이었던 것에 대해, 이번에는 각각 3회의 평균치로서 377g(정지마찰계수로 0.77), 227g(운동마찰계수로 0.46)이라는 전보다 훨씬 큰 값을 얻었다.

이것으로부터, 같은 무게라도 접촉면(마찰면)의 재질이 바뀌면 마찰력(마찰계수)은 크게 차이가 나게 된다는 것을 알 수 있다. 이 사실은, 접촉면에 무엇인가 제3의 재질을 끼우면 마찰력이 크게 변화한다는 것을 나타내는 것이다. 이 실험에선 비닐 시트를 깔아 마찰력이 크게 나타났으나 그 대신 테플론 시트를 깔면 작아진다. 또 기름과 같은 물질을 바르면 더욱 작게 나타나는데, 윤활제를 이용함으로써 마찰력을 저하한다고 하는 이른바 윤활 기술은 이와 같은 기본현상에 바탕을 두는 것이다.

쿨롱의 마찰법칙

지금 시도해본 마찰 실험은 아이들의 장난 같은, 이 이상 소박한 실험은 생각할 수 없을 정도의 것이지만, 거기서 도출된 몇 가지 마찰의 성질이나 법칙은 현재 널리 알려져 있고, 또 이용되고 있는 고체마찰 법칙의 모든 것을 밝힌 것이라고 해도 과언이 아닐 것이다. 위대한 법칙은 항상 단순하고 유일하다는 좋은 예이다. 또 단순, 유일한 법칙이기 때문에 이렇게 소박한 실험 속에서조차 생생하게 실증되는 보편성을 지니는 것이다.

사실에 있어 현재 여러 가지 마찰의 성질은 더욱 미시적, 전문적으로 깊이 연구되고 있고 지금의 실험으로 유도된 마찰의 기본적인 여러 성질도 더 근대적인 실험적 방법에 따라 더욱 엄밀하게 유도될 수 있는 것이다. 그러나 마찰현상이나 마찰법칙이 연구실 내에 갇힌 특이한 현상도 아니고 특별한 조건, 환경 아래에서만 나타나는 것도 아니다. 우리의 일상생활 어디에나 잠재하고 어디서나 지배되고 있는 것임을 설명하기 위하여, 일부러 신변의 마찰현상 가운데서 소박한 실험을 통해 마찰의 성질을 찾아본 것이다.

그러면 이제까지의 실험으로 알게 된 몇 가지 마찰의 성질을 정리해서 열거해보면 다음과 같다.

(1) 마찰력은 마찰면에 작용하는 수직력에 비례하고 외관상의 접

촉 면적의 크기와는 관계가 없다.

(2) 마찰력(운동마찰의 경우)은 미끄럼 속도의 크기와는 관계가 없다.

(3) 정지마찰력은 운동마찰력보다 크다.

이 세 가지 실험법칙((3)은 제외되는 경우도 있다)은 이 법칙의 확립에 가장 공적이 있었던 18세기의 프랑스 실험물리학자이며 공학자였던 쿨롱(C. A. de Coulomb, 1736~1806)의 이름을 따서 쿨롱의 법칙, 또는 쿨롱보다 약 100년 전 이 법칙의 존재를 거의 확인하여 쿨롱 연구의 기초를 만든 같은 프랑스의 물리학자이며 공학자인 아몽통(G. Amontons, 1663~1705)의 이름을 따서 아몽통의 법칙, 또는 두 사람의 이름을 모두

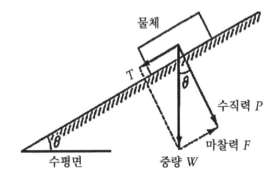

수평면과 각도 θ의 경사를 갖는 빗면에 놓인 물체의 마찰력을 지배하는 하중은 수직 력 P로, 그 크기는 Wcosθ로 된다

그림1-6 | 빗면에 작용하는 수직력

따서 아몽통-쿨롱의 법칙이라고 불리고 있다. 이 확립은 마찰의 학문이나 기술 발전의 역사 위에서는 획기적인 의미를 지니는 것이다.

쿨롱의 3법칙에 대해 약간의 설명을 하겠다.

제1법칙에서 중량(重量)이라 부르지 않고 수직력이라고 부르는 것은, 예를 들어 물체가 수평면이 아니고 빗면에 놓여 있는 경우 마찰력은 그 중량에 비례하지 않고 중량의 빗면에 수직인 성분에 비례한다는 의미이다. 또 수평면에 물체가 놓여 힘이 수직 방향이 아니라 비스듬히 작용하는 경우에도 역시 그 수평면에 수직인 성분에 비례한다는 의미이다.

예를 들면 〈그림 1-6〉과 같은 빗면에서 중량 W의 물체가 정지해 있는 경우에는, 힘의 분해의 법칙에 의하여 수직력 P는 $W\cos\theta$이고, $T=W\sin\theta$는 빗면을 따라 물체를 미끄러지게 하는 힘이 된다. 그리고 T와 같은 크기로 반대 방향의 힘 F가 물체의 아랫면에 마찰력으로 작용하여 이 물체는 미끄러지지 않고 균형을 이루고 있다. 만약 이 상태로 기울기를 차츰 증가시키면, 마침내 어느 각도 θ_s에서 T는 마찰력 F가 취할 수 있는 최대치 F_s를 넘어 미끄러지기 시작하는데 이때는 앞에서 설명한 〈수식 1-1〉, 〈수식 1-2〉의 관계에 있어서

$$F_s = W\sin\theta_s, \quad P = W\cos\theta_s$$

이므로

$$\mu_s = \frac{F_s}{P} = \tan\theta_s \quad \cdots\cdots\cdots \langle수식\ 1\text{-}4\rangle$$

마찬가지로 운동마찰력에 있어서는

$$\mu_k = \frac{F_k}{P} = \tan\theta_k \quad \cdots\cdots \langle 수식\ 1\text{-}5\rangle$$

라는 관계가 성립된다. 〈표 1-1〉에서 찻잔의 미끄러지기 쉬운 성질을 비교하는 척도로서, 기울기의 각도 외에 μ_s라는 비교치를 첨가해놨으나, 그 값은 〈수식 1-4〉에서 계산한 정지마찰계수였다.

그러면 다시 쿨롱의 법칙으로 돌아가자. 제1법칙에서 「외관상의 접촉 면적」이라고 특별히 부른 것은 뒤에 「진실의 접촉 면적」이라는 개념이 나오기 때문에 혼동을 피하고자 이처럼 칭한 것이다. 즉 「외관」이란 외관상의 접촉 면적을 의미하며, 앞의 『일본어 사전』의 예에서 케이스의 가로세로의 치수로부터 자연히 결정되는 외관상의 면적이다. 「진실」이란, 예를 들어 사전을 놓을 경우, 면이 균일하게 접촉해 있는 듯이 보여도 자세히 관찰하면 부분적으로 움푹 들어가 있거나 표면에 작은 요철 등이 있어 결코 전면이 균일하게 딱 접촉된 것은 아니다. 그래서 정말로 상대면에 접촉해 있는 부분만의 접촉 면적을 「진실의 접촉 면적」으로 부르는 것이다. 이 두 접촉 면적의 개념은 뒷장에서 설명하듯이 근대 마찰이론의 완성에 매우 중요한 역할을 하게 된다.

제2법칙은 운동마찰에서 미끄럼 속도의 영향을 규정한 것으로서, 필자의 『일본어 사전』의 실험에서는 실험 방법이 지나치게 소박하여 충분히 실증할 수 없었다. 여러 속도로 미끄러지게 하는 데는 현재로는 조금 무리가 있고 마찰법칙의 역사 속에도 이 법칙의 확립은 끝까지 남아 있었다. 여기는 더 깊이 들어가지 않고, 다음의 2장에서 간단하나마 더 재치 있는 방법을 찾아낸 시점에서 역시 우리들의 손으로 실증하기로 한다.

　제3법칙은 쿨롱의 법칙에서 자주 제외되지만, 마찰의 공학적 응용이나 일상의 마찰현상에서는 앞의 두 법칙에 못지않게 중요한 역할을 하는 것이다. 마찰의 여러 성질이나 마찰현상을 지배하는 여러 법칙에 대해서는, 지금은 더욱 세부에 걸쳐 미시적인 것까지 밝혀지고 있으나 그것들에 대해서는 뒷장에서 설명하기로 한다. 우리 주변의 역학현상 속에서 찾아볼 수 있는 마찰현상은 고체의 마찰에 관한 한 그 대부분이 쿨롱의 법칙으로 해석될 수 있는 것이다. 1장은 3장 이하에서 설명하는 여러 가지 마찰현상의 이야기를 충분히 이해하기 위한 서장이며 일부러 여러분과 함께 「마찰 교실」에 출석해서, 우리 손으로 쿨롱의 법칙 대부분을 끌어낼 수 있는 데까지 공부한 것도 바로 그 때문이다.

　우리는 지금까지의 설명으로 쿨롱의 법칙에까지 도달했다. 그러나 인간이 마찰현상에 착안하고서부터 쿨롱의 법칙에 도달하기까지는 긴 역사가 필요했다.

　2장에서 이 역사를 조금 설명하겠다. 그것은 쿨롱의 법칙 이해를 한층 더하는 역할을 할 것이다.

2장

마찰법칙을 추구한 사람들

1. 레오나르도 다빈치

마찰 연구의 여명

쿨롱의 마찰법칙은 18세기 말경에 거의 확립된, 매우 간단하고 상식적인 그리고 많은 사람에게는 경험적으로 금방 납득할 수 있는 마찰의 법칙이다. 필자는 20세기에 태어나서 근대과학과 기술의 상식을 다소 몸에 지니고 있었던 덕분에, 조상들이 쌓아 올린 수천 년 역사 속의 18세기로 갑자기 뛰어들어, 쿨롱의 법칙을 이 책 속에서 끄집어내어 그것이 현대에 살고 있다는 사실을 쉽게 실증할 수 있었다.

그러나 모든 학문의 결실이 그러하듯이 쿨롱의 이 간단한 법칙도 역사적인 산물이지 결코 쿨롱 한 사람의 착상이나 연구로써 이루어진 것은 아니었다. 그것은 인류사회의 산업, 정치, 경제, 과학 등 말하자면 문화의 역사적 발전 과정에서 이유가 있어서 태어난 것이었다. 마찰의 과학적 연구의 여명으로부터 마찰의 법칙이 쿨롱의 법칙으로서 일단 확립되기까지 실로 300여 년의 역사가 있었다. 쿨롱의 법칙을 평면적으로가 아니라 입체적으로 또 외면적이 아니라 내면적으로 이해하기 위해, 필자는 여기서 이 법칙이 확립하기까지의 역사적 주변—마찰의 작은 과학사, 또는 기술사(技術史)—에 대해 이야기하고 싶다.

마찰현상의 과학적 연구의 여명은 15세기 이탈리아의 르네상스에서 시작된다. 오랜 봉건사회가 허물어지고 어두운 중세(中世)로부터 겨우 탈출한 과학도, 신학(神學)이나 신앙을 중심으로 한 교회적, 사변적(思辨的)

학문체계로부터 해방되어 새로운 합리주의, 실증주의 위에 힘차게 뿌리를 펼쳐갔다. 비천한 실험의 명예가 회복되고 개인주의적인 자유로운 인간이 분방하게 재능을 구사할 수 있는 객관적인 정열이 성숙해 있었다. 르네상스는 만능의 신이 아니라 인간다운 인간을 찾고 있었다.

르네상스는 많은 천재를 탄생시켰다. 그중 대표적 천재인 레오나르도 다빈치(Leonardo da Vinci, 1452~1519)가 여기서도 등장한다. 「여기」라는 것은 마찰 연구의 무대이다. 그는 누구로부터의 가르침이나 권고도 없이 과학자·기술자로서의 경험과 식견과 흥미로부터—굳이 말한다면 당시 번영하고 있던 조선(造船) 기술의 영향으로부터—마찰 실험을 착상했다. 그의 마찰에 관한 식견은 「수기(手記)」 속에서 볼 수 있다. 천체의 마찰과 음향에 관한 한 장은 아주 아름다운 문체로 쓰인 글인데, 과학상의 메모로 보기에는 너무나 추상적이다. 그러나 그가 갖는 마찰에 관한 관심이 엿보여 잊을 수 없는 것이다.

레오나르도는 현실적으로 고체의 마찰에 대한 실험적 연구에 착수했다. 그전에는 아무도 알지 못했던 사실과 법칙을 처음으로 이끌었다. 그는 매우 신중하게 어느 교회와도 무관한 초연한 입장을 취하고 있었는데, 성서에 마찰에 관한 신의 섭리가 언급되어 있지 않은 것은 그를 위하여 다행한 일이었다. 그가 유도한 마찰법칙이 교회의 노여움을 사서 갈릴레이보다 앞서 시달림을 받아야 할 걱정은 전혀 없었다.

그의 실험에 대해 약간 구체적으로 설명하겠다. 이와 관련한 기록은 1508년의 것이다.

레오나르도는 마찰 실험에 돌이나 나무를 사용했다. 요즘에는 마찰 실험이라고 하면 곧 금속을 생각하지만, 그것은 현대의 공업 재료 주체가 금속이라고 생각할 때 차라리 당연한 일일 것이다. 그러나 당시에 금속은 값이 비싸고 또 가공도 쉽지 않았으며, 조선이나 건축용 등의 구조 재료도 비금속이 주였다. 특히 대리석은 이탈리아의 특산물로 가공기술이 뛰어났었다.

우선 레오나르도는, 마찰력은 물체의 재질이 다르면 크기도 다르다고 말하고 있다. 이것은 얼핏 보기에 아무것도 아닌 당연한 일이라는 생각이 들겠지만, 마찰의 크기에 관한 역사상 최초의 기술(記術)이다. 특히 18세기에 완성된 마찰의 요철설에 대한 반정립(反定立)이 이 재질의 차이에 의한 마찰의 차이의 문제이며, 이 반정립이야말로 20세기의 근대 마찰이론으로서 결실을 본 것임을 생각할 때 이는 특서할 만한 기록이다.

계속해서 표면이 매끄러운 것, 거친 것 등 마찰의 비교에서부터 매끄러운 것일수록 마찰이 작다고 기술하고 있다. 이것은 마찰력의 원인이 결국 고체 표면의 거칠기, 요철에 있다는 레오나르도의 생각의 기초가 되는 중요한 기술이다. 이 마찰이 일어나는 원인이 마찰면의 요철에 있다는 생각은 그 후 17~18세기에 프랑스에서 발전한 마찰 연구에서, 마찰의 요철설로서 완성되는 것으로, 금세기에 들어서기까지 거의 누구도 의심하지 않았다.

레오나르도는 다시 무거운 것과 가벼운 것의 마찰력 비교 실험으로부터 그의 이름을 마찰의 역사에 영원히 남기게 되는 메모를 써서 남겨놨다.

「모든 물체는 미끄러지려 하면 마찰력이라는 저항이 발생한다. 이 마찰력의 크기는 표면이 매끈한 평면과 평면과의 마찰인 경우, 그 중량의 4분의 1이다.」

훌륭한 추론이며 귀납이다. 이것은 마찰력이 무게, 즉 수직력에 비례한다는 것, 바꿔 말하면 이 비례상수인 마찰계수의 개념을 처음으로 규정한 것으로서 틀림없이 획기적인 기술이다. 매끈한 고체 표면에 대하여 주어진 마찰계수 0.25라는 값도 오늘날의 측정치로 볼 때 매우 온당하여 신뢰할 수 있는 값이다. 〈수식 1-1〉의 관계는 사실 레오나르도에 의해 규정된 것으로, 오늘날 쿨롱의 법칙으로 알려진 여러 법칙 중 가장 기본적인 이 관계는 이미 이때 완성된 것이다. 그 후 2~3세기를 지나 겨우 산업혁명기를 맞이한 프랑스에 레오나르도의 마찰 연구가 계승되어 쿨롱에 이르러 거의 완성되는데, 만일 레오나르도의 연구가 이탈리아의 후진에게 계승되어 완성되었더라면 오늘날 널리 불리는 「쿨롱의 법칙」은 당연히 「레오나르도의 법칙」으로 불리고 있을 것이 틀림없다.

오늘날에 나타난 선구적 업적

레오나르도는 마찰 연구의 분야에서 극히 유연한 천재성을 발휘하여 많은 착상, 발견, 시사(示唆) 등을 기록으로 남겨놓고 있다. 그는 마찰면 사이에 제3물질이 얇게 개재하면 마찰력이 크게 변화하는 것을 확인했는데, 이것은 현재 윤활 기술의 선구를 이루는 것이다. 특히 비교적 둥근 모래알이 개재되면 마찰력이 매우 저하한다는 것을 발견했고, 더구나 모래알의 지름은 큰 것이 보다 마찰이 작다고 기술하고 있다. 이 사실을, 그는 모래알이 표면 사이에서 구르고 있기 때문이라고 설명하고 마찰에는 「미끄럼마찰」과 「구름마찰」이 있어, 이 둘은 다른 원인에 의한 마찰이라고 구별했다. 구름마찰이 작다는 사실의 발견은 19세기에 들어와서 볼베어링이나 구름베어링으로서 결실을 맺었다. 구르는 경우에도 개재되는 둥근 입자는 큰 것이 마찰이 작다는 발견은 쿨롱의 구름마찰 법칙으로서 300년 후에 정식화(定式化)된다.

레오나르도는 또 마찰의 미세구조에도 개입해서 서로 마찰하는 두 표면이 매끄러운가, 거칠은가에 따라 생기는 조합의 경우나, 마찬가지로 두 면이 단단하냐, 연하냐에 따라 생기는 조합의 경우 등에 대해서도 실험했다. 또 표면이 손상되는 문제, 이른바 오늘날의 마모 문제에 대해서도 기술을 남겨놓고 있다. 이 이야기를 하려면 좀 자세해지므로, 그의 마모론 중 특기할 만한 점에 대해서만 언급하겠다.

레오나르도는 마찰면에 마모가 일어나는 경우를 크게 세 가지로 나눴다. 그리고 마모현상에 직접 영향을 끼치는 것은 재질의 문제라 하고, 단단한 재질과 단단한 재질, 단단한 재질과 연한 재질, 연한 재질과 연한 재질 3가지 조합의 마찰을 생각하고 다시 이들 조합에 「직접 접촉」과 「간접 접촉」의 개념을 조합했다. 직접 접촉이란, 두 표면이 직접 서로 닿아 일어나는 마찰로 특별한 설명이 필요 없다. 흥미를 끄는 것은 간접 접촉이다. 이것은 마찰면 사이에 제3물질—모래알이나 가루 입자—이 개재하는 경우에 일어나는 마모이다. 이것은 당시 건축용 대리석 등을 연마(일종의 미세한 마모)하는 데 연마분을 사용했다는 현실적 기술로부터 문제를 파악한 것으로 생각되며, 당시의 마모 개념이 제3물질의 개재에 의한 급속한 마멸에 결부되어 있었던 것에 의한 것이다. 뒤에서 설명하겠지만 레오나르도의 이 마모 개념도 17~18세기에 이르러 마모의 요철로 발전하는 기반이 된 것이다.

먼저 같은 경도(硬度)의 재질 사이 간접 접촉의 마찰에 있어서, 개재하는 제3물질은 만약 그것이 양면보다 연하면 마찰 때문에 부서지고, 단단하면 양면에 끼여 양면을 마찬가지로 마모시킨다고 말하고 있다. 양면이 다른 경도를 가진 경우에 이르러서는 다음과 같은 놀랄 만한 기술에 부딪히게 된다.

「그러나 두 개의 마찰하는 물체가 서로 다른 경도인 경우에는 연한 재질의 것이 단단한 재질의 것을 마모시킨다. 그 이유는 마찰면에 낀 제3물질이 연한 쪽 재질의 마찰면에 끼어들어 고정되고 그 면은 줄과 같은 작용을 하여, 그것이 단단한 쪽의 재질을 마모시키는 것이다.」

필자는 지금도 가끔 이런 종류의 마찰현상의 불가사의에 대하여 현장을 담당하고 있는 기술자들로부터 단단한 쪽이 왜 자주 연한 쪽의 것보다 마모가 더하냐는 질문을 받는 일이 있다. 그리고 대개의 경우, 이 질문에는 이미 레오나르도가 500년 전에 명쾌하게 답을 주었다.

레오나르도의 이 이론은 최근에 와서 전자선 회절법에 의한 마찰면의 구조 연구나, 전해 처리로 마찰면의 표층을 조금씩 제거하는 방법 등에 의해 명료하게 실증되어 있는 것으로 그의 설은 현재도 그대로 살아 있다. 그의 연구는, 대리석 절단이나 연마에 사용되는 단단한 돌가루 등의 작용에 대하여 착상되었고, 앞의 추론도 이런 종류의 조잡한 실험으로부터 얻어진 결론임이 틀림없다. 그렇다 하더라도 그의 추론이 그대로 근대적 기계의 미량의 마모 발생 메커니즘을 설명하고 있는 점은 천재적인 통찰이라고 말할 수밖에 없다. 당시 표면을 확대하여 관찰할 수 있는 방법은 확대경밖에 없었다. 네덜란드의 레이우엔훅(A. van Leeuwenhoek, 1632~1723)이 현미경을 발명, 영국의 왕립협회에 들여놓기까지 150년이나 앞선 시대였다.

레오나르도의 실험에서 중요한 것이 또 한 가지 있다. 그것은 접촉 면적의 영향에 관한 견해이다. 그는 언제나 머리로 생각하지 않고, 몸으로 생각했다. 17~18세기에 이르러 프랑스의 아몽통과 쿨롱의 실험에서 데이터가 제시되어도 일반 기술자는 「마찰은 접촉 면적에 비례해서 커질 것」이라고 생각했고, 이 문제는 학회에서 자주 논의의 대상이 되었다. 실증적인 과학 재건의 선구자이기도 했던 레오나르도는 이미 이 문제에 대해서 예리하게 통찰하고 있었다.

그는 소박하지만 훌륭한 관찰을 하고 있다. 로프를 둥글게 감은, 말하자면 정돈된 상태와 로프를 곧게 늘어놓은 상태에서 그것을 움직이는 데는 어느 쪽이 더 많은 사람을 필요로 하느냐는 문제이다. 양쪽 다 같은 인원이 동원됐다. 그는 이것을 마찰에 있어서 접촉 면적의 영향을 여실히 증명하는 것으로 멋지게 파악하여, 무게가 같은 물체의 마찰력은 그 접촉 면적에 관계가 없다는 견해를 말하고 있다. 이것 또한 쿨롱의 법칙 중 뒤

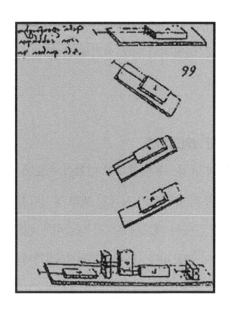

그림 2-1 | 접촉 면적의 영향에 관한 레오나르도의 실험 메모

어나게 중요한 규정이다. 레오나르도는 이 접촉 면적의 문제를 더욱 자세히 조사할 필요가 있다고 생각하고 있었다.

〈그림 2-1〉은 그의 스케치에서 볼 수 있는 마찰 실험의 메모 일부로 필자가 서두에서 『일본어 사전』을 가로, 세로 등으로 놓고 미끄러지는 면적의 영향을 캐본 것은 이 레오나르도의 실험 모델을 답습한 것이다 (알려져 있듯이 그는 왼손잡이여서 청년 시절부터 왼손으로 보통 사람과는 반대로 된 글자와 그림을 그렸다. 그 때문에 글자와 그림이 모두 거울상으로 되어 있다).

이렇게 레오나르도는 쿨롱의 법칙을 이루는 주요 규정, 즉 마찰력과 수직력의 비례관계, 마찰력이 접촉 면적에 관계되지 않는다는 두 가지를 이미 확립해놓았다.

기술 수준에 의한 실험의 한계

나머지 두 개의 규정, 즉 마찰력이 미끄럼 속도에 관계되지 않는다는 것과 정지 상태로부터 움직이기 시작할 때의 정지마찰력이 운동마찰력보다 크다는 규정에 관해서 레오나르도가 언급하지 않았던 점에 대해서는 약간의 고증(考證)이 필요하다. 15세기부터 16세기까지가 어떠한 시대이며, 어떤 기술 수준의 시대였는가를 우리 자신을 그 환경에 두고 생각해 보자. 현미경이 없었다는 것은 이미 앞에서 말했다. 마찰력의 측정에 현미경이 없었다는 것은 특별히 장해가 되지는 않는다. 그러나 마모라는 마찰면의 손상, 마멸의 원리를 찾는 데에 오늘날 마모 표면의 관찰용으로써 상식적인 무기로 되어 있는 현미경 없이 무엇을 할 수 있을까? 필자가 앞에서 레오나르도의 모래 입자에 의한 마모 메커니즘 설명의 훌륭함을 지적한 이유는, 이와 같은 시대에 이와 같은 위대한 발견을 현미경도 없이 해낸 그의 통찰력과 그 뒤에 있는, 요즈음의 대학교수들로선 도저히 미치지도 못할 그의 과학자, 기술자로서의 풍부한 체험, 이른바 철저한 실천적 연구로써 이룩한 종합적인 지혜에 경탄했기 때문이다.

그가 다하지 못한 두 가지 과제에는 공통성이 있다. 둘 다 「속도」에 관계된 과제라는 점이다. 오늘날 매초 1m의 미끄럼 속도에 대한 마찰력과 매초 2m에 대한 마찰력은 어느 쪽이 크냐 또는 같으냐, 다르냐는 과제를 설정한다면 중학생이라도 충분히 해낼 수 있다. 지름 20㎝의 원판을 소형 전동기를 감속시켜 매분 180회전 정도로 회전시키면 쉽게 매초 2m 정도의 속도가 얻어진다. 이 위에 어떤 마찰 물체를 놓고 용수철저울이나 추로써 마찰력을 측정하면 이 질문에 대한 답 정도는 쉽게 나올 수 있다.

그러나 이것은 천재 레오나르도에게는 매우 어려운 문제였다. 당시 전동기가 없었기 때문이다. 지금은 어린이의 장난감 전차에도 값이 싸고 성능이 좋은 것이 몇 개씩 붙어 있다. 또 가정에서 사용하는 세탁기나 청소기는 오래되면 전동기째로 버려지고 만다. 그러나 레오나르도는 전동기만은 어떻게 할 수가 없었다. 정지마찰은 가동하기 시작하는 순간의 마찰이므로 손으로 살며시 잡아당겨도 되었지만, 일정한 미끄럼 속도를 얻는 데는 아무래도 동력이 필요했다.

증기동력(蒸氣動力)은 훨씬 후세의 것이다. 당시에 있었던 것은 수력이나 풍력이었는데, 풍력은 귀찮기도 하거니와 풍속이 바뀌면 어쩔 도리가 없었다. 수력도 전기로 바꿀 수가 없기 때문에 알맞은 개울 옆에 수차를 만들지 않으면 안 되었다. 전동기가 발명되기 위해서는 먼저 그 원리의 발견이 필요했다. 이 원리인 전류의 자기작용이 덴마크의 외르스테드(H. C. Oersted, 1777~1851)에 의하여 발견된 것은 19세기에 들어와서였기 때문에 레오나르도로서는 더욱 불가능했다. 그가 속도의 문제를 언급하지 못한 것은 동정할 만한 일이다.

17~18세기 아몽통, 쿨롱의 시대에도 전동기는 없었다. 신뢰할 수 있

는 「일정 속도」가 좀처럼 얻어지지 않았다. 그러므로 쿨롱의 법칙 중에서도 「마찰은 속도와 무관계」라는 규정이 실은 제일 마지막까지 학회 등에서도 문제가 되었다. 이런 사정 때문에 레오나르도로부터 쿨롱의 시대에 이르는 동안, 마찰 실험은 주로 정지마찰에 대하여 이루어졌으며, 그것은 그 나름의 이유가 있었다.

레오나르도가 마찰이나 접촉과 관련해서 고체의 충돌 문제에 흥미를 보여, 여러 가지 실험을 시도했던 점은 주목할 만하다. 그는 충돌을 「극히 짧은 시간 안에 집중해서 작용하는 힘」이라고 정의하고 있다. 19세기에 이르러 독일의 엥겔스(F. Engels. 1820~1895)는 그의 『변증법과 자연』에서 「마찰은 완만한 충돌이며, 충돌은 급격한 마찰이다」라고 말하고 있는데, 이것에 가까운 개념을 레오나르도도 이미 갖고 있었던 것이 아니었을까.

2. 아몽통과 같은 시대의 사람들

산업혁명과 마찰 연구의 발전

레오나르도로부터 약 200년, 세계의 마찰 연구 역사에 남을 만한 사건은 없었다. 그리고 모든 발전이 저마다 역사적 배경을 지니고 있듯이, 마찰 연구도 또 하나의 역사적 배경을 지니고 새로이 등장했다.

18세기에 영국에서 일어난 산업혁명의 물결은 도버해협을 건너 대륙으로 밀려들었다. 17세기 말경, 프랑스는 루이 14세 치하에서 번영의 길을 더듬어가며 조선업, 제분업을 비롯하여 각종 제조공업이 급속히 성장하고 있었다. 마르크스가 제조공업 성장의 물질적 배경으로서 제분업과 시계업을 든 바로 그 시대이다.

제조공업이 아직 부업이나 가내공업 수준이었던 레오나르도 시대 이후 200년간 마찰을 과학이나 기술의 표면에 부상시킬 객관적인 이유는 없었다. 그러나 17세기 말 프랑스에서는 사정이 전적으로 바뀌어 있었다. 거대한 제조공업은 수많은 공작기계를 비롯한 여러 기계를 움직이고 있었고, 그 성능 향상과 내구성의 향상은 생산자의 이해(利害)와 직접 연결되어 있었다. 마찰 연구는 레오나르도 이후 먼저 프랑스로 계승되었다. 마르크스가 편지 속에서 지적하고 있듯이, 당시 「제분업은 마찰 연구와 톱니바퀴의 톱니 모양 연구를 발전시켰다」.

주목할 일은 루이 14세 시대에 영국이나 프랑스를 중심으로 수많은 기술적 발명과 고안이 나왔는데, 그것들 대부분 「장치」로서의 발명이나 고안이라는 것이다. 그중 기계 일부분의 문제로서 마찰 연구와 톱니바퀴 연구가 당시 기술 발전을 배경으로 하여 요구되었다. 또 사실 꽃피우게 한 것은 기술사적(技術史的)으로 보아 특별한 의미가 있다고 생각하고 싶다. 그 이유 중 하나는 이 시대에 처음으로 기계 기술의 분화가 시작되었다는 점이다. 오늘날 기계공학은 전문 분야로 나누면 상식적으로 20~30 정도가 된다. 마찰의 전문 분야는 그중 하나에 지나지 않는다. 이 분화가 이미 이 시대에 시작된 것이다. 두 번째는 이 기계 기술의 역사적 분화 과정 선두에 마찰이라는 전문 분야의 분화가 일어났다는 점이다. 이것은 무엇을 의미하는 것일까?

마찰은 상품이 될 수 없으므로 언제나 기술 발전의 뒷전에서 숨을 죽이고 있다. 그러나 기계가 지구상에 나타나서 제일 먼저 전문적, 기술적 과제로서 주목된 것이 마찰 문제였다는 것은 중요한 일이다. 더구나 마찰의 과제는 당시에 제기되었던 문제점이, 실은 오늘날에도 그대로 미해결인 채로 남아 있는 것이 많다는 점이다. 필자는 이 고증 과정에서 마찰이 과학과 기술의 세계에서 「영원한 암흑」일 수 있으리라는 사실에 오히려 남몰래 즐거움조차 느끼는 것이다. 마찰은 기술의 전면으로 밀려 나왔다. 수많은 마찰 연구자가 배출되고 각종 실험 연구가 이루어졌다. 17세기 말에서부터 18세기 전반은 마찰의 꽃이 한꺼번에 핀 것과 같은 장관을 이루었다. 또 마찰 연구의 질풍노도 시대이기도 했다. 이윽고 18세기 말에 겨우 쿨롱의 마찰 연구와 마찰법칙의 확립에 의해 한 세기는 막을 내리게 되는데, 이에 대해서는 다음 절에서 다시 설명하기로 한다.

아몽통의 법칙

이 시대의 선구자는 이미 앞에서 말한 프랑스의 아몽통이다. 그는 실험적인 방법으로써 계통적으로 마찰 연구를 한 최초의 인물이다. 사실상 쿨롱의 법칙을 이미 확인하고 있었다는 의미에서 쿨롱의 법칙을 아몽통의 법칙이라고 부르는 사람도 적지 않다는 사실은 앞에서도 이야기했다.

아몽통과 당대 사람들의 연구 발전에 대해 언급하기 전에 당시 쟁점이었던 마찰의 문제점을 정리해보기로 하자. 앞에서 말한 쿨롱의 법칙이 확립되기 100년 전 시대이다.

(1) 레오나르도가 이미 시사한 것과 같은 마찰의 몇 가지 기본적인 성질, 마찰의 법칙성을 밝히는 것.

   (a) 마찰력과 무게와의 비례관계는 바르게 성립되는지 어떤지. 비례한다면 그 비례상수(마찰계수)의 크기는 어떠한가?

   (b) 마찰력과 외관상 접촉 면적의 관계는 어떠한가?

   (c) 마찰력과 미끄럼 속도의 관계는 어떠한가?

   (d) 정지마찰과 운동마찰의 크기의 관계는 어떠한가?

(2) 마찰력이 발생하는 메커니즘, 이유, 원인 등은 무엇인가?

(3) 마찰력을 역학계에 조합하는 연구

(4) 마찰력의 응용 기술 연구

대부분 연구자의 대상은 (1)과 (2)로서, 이 둘은 표리일체의 테마였다.

(3)과 (4)는 이들의 연구로부터 파생한 부산물이었다.

먼저 (1)의 문제, 즉 마찰의 법칙성 문제인데, 이것에 관해서는 대부분 연구자가 문제없이 마찰력과 하중(荷重)의 비례성을 인정하고 있다. 이것은 무엇보다도 중요한 법칙성인 동시에, 이 관계를 구하는 실험을 다른 문제에 비하여 쉽게 할 수 있다는 것도 하나의 이유였다. 레오나르도가 그 비례관계로 마찰력은 하중의 4분의 1이라고 말하고 있는 데 대하여 아몽통은 3분의 1(마찰계수로 0.33), 같은 시대 사람인 드 라 이르(Philippe de La Hire, 1640~1718), 페어런트(A. Parant, 1666~1716) 등도 약 3분의 1이라고 말하고 있다. 약간의 차이가 있어도 될 만한 값으로 오늘날에도 용인될 수 있는 값이다.

접촉 면적의 영향은 오랫동안 물의를 일으킨 어려운 문제였다. 아몽통이 가장 골치를 썩인 문제이다. 당시 상식으로 보아 마찰력은 어쨌든 접촉 면적에 비례할 것이라고 생각되고 있었고, 마찰력이 접촉 면적에 비례

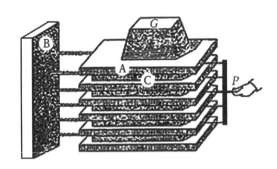

그림 2-2 | 아몽통의 실험 장치

하지 않는다는 사실을 주장하기 위해서는 그 이유도 동시에 설명하지 않으면 사실의 보고만으로는 상대가 납득하지 않았기 때문이다. 사실 접촉 면적에 비례한다는 데이터도 많이 있었던 것이다(접촉면이 충분히 젖어 있거나 기름막으로 되어 있거나 하면, 면적에 비례한다는 것은 오늘날 잘 알려져 있다).

아몽통의 접촉 면적의 영향에 관한 문제를 다루는 방법은 실은 오늘날의 취급 방법과는 다소 차이가 있어 같은 접촉면의 압력(하중이 아님. 압력이란 하중을 접촉 면적으로 나눈 값)일 때, 접촉 면적이 큰 경우(따라서 하중도 큼)와 작은 경우(따라서 하중도 작음)에서 마찰계수가 어떻게 다른가 하는 식으로 파악했다.

〈그림 2-2〉가 그가 사용한 장치로, 위에 얹은 G는 추이고 여러 단으로 포개진 A, C라는 평판 사이에 수직력을 주어 그들 사이의 마찰력을 측정했다. A의 판은 B로 눌러두고 C의 판을 P라는 힘으로써 오른쪽으로 잡아당긴다. 판의 매수 등을 바꾸어 실험한 결과로부터 P와 G와의 비, 즉 마찰계수는 마찰면의 접촉 면적 크기와는 관계가 없다는 결론을 내렸다.

이것은 오늘날 우리가 의미하는 접촉면의 「치수」의 크기와는 확실히 다른 것이다. 그러나 그는 「마찰력과 압력, 미끄럼 속도, 미끄럼 시간(시간과의 관계를 추적한 것은 선구자다운 괴로움이다)의 관계는 복잡하다」라고 비명을 지르고 있다. 그가 정력적으로 실험을 한 데 비해 확실한 결론에 이르지 못한 한 가지 이유는 그가 기름을 칠한 표면의 마찰 실험을 지나치게 한 것을 들 수 있으리라 생각한다. 기름을 칠한 표면의 마찰력은 철이나 납 또는 나무나 가죽에서도 거의 같다고 말하고 있다. 오늘날 상식으로는 기름을 칠한 표면의 마찰은 거기에 칠해진 얇은 기름층의 내부 마찰, 즉 유체마찰이며 표면을 형성하는 재질에는 관계가 없고, 접촉 면적에 비례한다는 것은 너무나 당연하다. 이 미묘한 윤활 상태 여하에 따라 마찰력이 면적과 관계없이 수직력에만 비례하거나 때로는 윤활이 충분하면 면적과 비례하거나 하는 것은 당시의 연구자들에게 접촉 면적의 영향에 관해서 오랫동안 귀찮은 논의를 불러일으켰던 것이다.

아몽통의 결론은 레오나르도의 그것에서부터 그다지 전진하지 못한 것으로 보인다. 그러나 레오나르도의 업적이 200년 후의 이 시대에 얼마만큼 알려져 있었는지 의심스러운 점을 생각하면, 17세기 말에서 18세기에 걸쳐 화려한 마찰 연구의 문호를 열어젖힌 그의 역사적 공적은 이른바 쿨롱의 법칙을 아몽통의 법칙으로 부른다고 해도 조금도 부당하지 않다.

사실은 일정 하중 아래서 접촉면의 치수 크기가 물체의 마찰력에 어떻게 영향을 끼치는가를 처음으로 확실히 한 것은 앞에서 말한 드 라 이르다. 그는 일정 하중에서 접촉 면적이 다른 나무나 대리석을 사용하여 실험하고 마찰력은 하중에 비례할 뿐이고, 접촉면의 치수에는 무관하다는 것을 오늘날 우리가 이해하고 있는 것과 같은 의미로는 처음으로 명확히 했다.

시민권을 얻은 마찰력

미끄럼 속도가 마찰력에 거의 관계되지 않는다는 것은 아몽통이 말하고, 당시 거의 모든 사람이 이것을 용인하고 있기는 했다. 하지만 당시 엄밀한 일정 속도를 실현할 기술이 성숙하지 않았기 때문에 이 과제가 길게 꼬리를 끌었다는 것은 앞에서도 말했다.

페어런트의 역사적인 공적은, 그가 처음으로 마찰력이라는 아직도 개념으로서는 새로운 「힘」을 정역학(靜力學)의 체계에 넣어 마찰력을 고려한 물체의 정적 균형 문제를 해석한 일이다. 오늘날 고등학교 교과서에도 있는 「마찰각」이라든가 「마찰원추」 등의 개념은, 페어런트가 1704년 논문에서 처음으로 설명한 것이다. 즉 〈그림 2-3〉과 같이 수평면 위에 놓여 있는 무게 P의 정지 물체에 힘 T가 작용하여 미끄러지기 시작할 때를 생각하면 물체에 작용하는 반력(反力) N(N=P)과 마찰력 F_S의 합력 R_S는 N과 각도 θ_S를 만든다. 이때

$F_S = \mu_s P = \mu_s N$

$F_S = N\tan\theta_S$

따라서

$W_S = \tan\theta_S$ ········ 〈수식 2-1〉

로 된다. 이 θ_S가 마찰각, 또 N의 방향을 축으로 해서 R_S를 360° 회전했을 때 만들어지는 꼭지각(정각)을 $2\theta_S$로 하는 원추는 마찰원추라고 불린다.

이러한 개념을 세운 것의 물리적 의미는 예컨대 마찰이 없으면 θ_S보다도 더 작은 각도 θ의 방향에서부터 비스듬한 힘이 작용하면, 그 방향이 수직이 아닌 한 물체는 미끄러지기 시작하나, 마찰이 존재하면, θ가 마찰각 θ_S의 내부에 있는 한 「어떤 큰 힘」을 가해도 물체는 미끄러지기 시작하

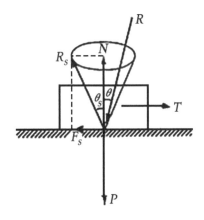

그림 2-3 | 마찰각과 마찰원추

지 않는 것이다. 더 넓게 이야기하면 어떤 크기의, 또 어떤 방향의 힘이 물체에 작용해도 그것이 마찰원추의 내부에서 작용(마찰각보다 작은 각도로 작용)하는 한, 물체는 정지 상태를 계속한다는 것이다. 이는 정역학에서는 역사적으로 중요한 발전이다.

1장의 첫 부분에 필자가 찻잔의 마찰을 측정하는 데에 경사법이라 하여 찻잔을 얹은 평면을 기울여 찻잔이 미끄러지기 시작하는 각도가 큰 쪽이 마찰이 크다는, 어린이들도 이해할 수 있는 소박한 비교를 시도했다. 지금 페어런트로부터 배운 마찰각의 개념을 사용하면, 〈수식 2-1〉과 〈수식 1-1〉이 같은 것이라는 것은 당연하지만, 찻잔이 미끄러지기 시작할 때는 마침 찻잔의 경사각이 찻잔의 밑굽과 접시 사이의 마찰각에 도달한 때라고 표현할 수가 있다.

이러한 마찰각의 존재는 뒷장에서 설명하듯이, 나사로 두 물체를 조일 경우, 이완방지구를 사용하지 않고 조이기만 해도 풀리지 않는 현상이나, 펑크 난 자동차의 바퀴 등을 잭으로 들어 올릴 때 멈춤 장치를 이용하지 않아도 나사가 풀리지 않는 것, 또 박아놓기만 해도 쐐기가 빠져나가지 않는 것 등의 설명에 그대로 이어지는 것이다.

오일러의 공적

마찰력이 역학 체계 속에서 「시민권」을 획득한 것은 이 시대 「마찰시민」의 자랑이라 해도 될 것이다. 그러나 이 시민권 활동에는 또 한 사람의 위대한 활동가가 있었다. 바로 오일러(Leonhard Euler, 1707~1783)이다. 그는 스위스 바젤에서 태어났으며 약 750편의 논문을 남긴 그의 학구 활동 대부분은 상트페테르부르크(구소련의 레닌그라드)의 아카데미에서였다. 수학 교수로서 수학, 물리학, 특히 해석학의 발전에 영원한 공적을 남겼다.

당시 뉴턴(Isaac Newton, 1643~1727)의 역학은 이미 완성되어 있었으나 그 체계에서 마찰력은 무시되고 있었다. 오일러는 페어런트와 마찬가지로 물체의 평면상의 평형 문제를 마찰력을 고려해서 다루었을 뿐만 아니라, 마찰력을 동력학(動力學)의 체계에 처음으로 집어넣었다. 즉 물체가 빗면이나 수평면 위에서 정지해 있는 상태에서의 마찰력이 아니라, 빗면을 미끄러져 내린다거나 수평면 위를 달려가는 물체의 운동 속에 짜 넣은 것이다. 일정 속도를 간단히 얻는 방법이 없었기 때문에 해명이 늦어

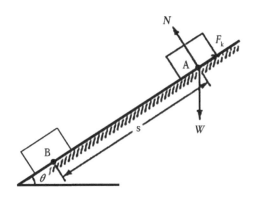

그림 2-4 | 빗면을 미끄러지는 물체의 작용력

지고 있던 운동마찰의 연구에 강력한 발판을 만들어주었다는 크나큰 공적을 남겼다. 역학책에 마찰의 한 장이 첨가된 것은 이 시대부터이다.

오일러의 방법은 다음과 같은 것이다.

〈그림 2-4〉의 빗면 위에서 A점에 있었던 무게 W의 물체가 지금 첫 속도 0에서 조용히 미끄러지기 시작하여 시간 t가 지난 뒤에 거리 s만큼 미끄러져서 B점까지 왔다고 하자.

그러면 이 물체가 A점에서부터 중력의 방향으로 s sinθ만큼 낮은 위치로 이동하기 위해 잃은 위치에너지 Ws sinθ는 일부는 마찰 작업 F_ks에 사용되고 나머지 에너지는 운동에너지 mv^2/2로 전환하기 때문에 다음의 관계가 성립한다.

$$\frac{mv^2}{2} = Ws\sin\theta - F_k s \quad \cdots\cdots \langle 수식\ 2\text{-}2\rangle$$

단, m은 물체의 질량(=W/g, 이 g는 중력가속도로 $980\,\text{cm}/\text{sec}^2$), v는 B 점에서 미끄럼 속도, θ는 빗면의 경사각, F_k는 운동마찰력으로 하강 중 미끄럼 속도와는 관계가 없다고 한다. 한편 아몽통 등의 실험 결과로부터 마찰계수는 일정하므로

$$F_k = \mu_k N = \mu_k \, W\cos\theta \quad \cdots\cdots \langle \text{수식 } 2\text{-}3 \rangle$$

〈수식 2-2〉, 〈수식 2-3〉으로부터

$$\frac{v^2}{2g} = s\,(\sin\theta - \mu_k\cos\theta)$$
$$\frac{v^2}{2g\cos\theta} = s\,(\tan\theta - \mu_k) \quad \cdots\cdots \langle \text{수식 } 2\text{-}4 \rangle$$

중력에 의한 낙하의 법칙을 응용해서

$$v = \frac{2s}{t} \quad \cdots\cdots \langle \text{수식 } 2\text{-}5 \rangle$$

이므로 〈수식 2-5〉를 〈수식 2-4〉에 대입하여 고쳐 쓰면

$$\mu_k = \tan\theta - \frac{2s}{gt^2\cos\theta} \quad \cdots\cdots \langle \text{수식 } 2\text{-}6 \rangle$$

로 된다. 이것은 빗면을 미끄러져 갈 때의 운동마찰계수 μ_k가 경사각 θ의 빗면을 물체가 미끄러져 내릴 때의 거리 s와 그것에 소요된 시간 t를 계산

하여 얻는 것으로, 이때까지 마찰의 측정이라 하면 거의 정지마찰 측정에 한정되어 있었던 연구 분야가 크게 운동마찰의 측정 분야를 향하여 열리게 된 것이다. 당시 시계 공업은 이미 상당한 수준에 올라 있었기 때문에, 시간 측정을 포함한 이 방법은 시대의 기술 수준과 잘 어울린 교묘한 마찰 측정법이었다. 이 방법에 의해 정지마찰계수 μ_s와 운동마찰계수 μ_k의 비교, μ_k에 대한 미끄럼 속도의 영향 등을 아주 조사하기 쉽게 되었으며, 사실 이렇게 해서 오일러는 정지마찰계수 μ_s는 운동마찰계수 μ_k보다 크다는 것을 명확히 단정할 수 있었다. 시험 삼아 여러분도 필자와 함께 오일러의 이 스마트한 방법으로 마찰을 측정해보기로 하자. 미끄러질 거리는 긴 편이 시간이 걸리기 때문에 시간 측정의 정밀도가 좋다. 마침 헛간의 덧문이 한 장의 베니어로 되어 있기에 그것을 사용하자. 그 위를 역시 전에 사용했던 이와나미의 『일본어 사전』(케이스에 넣은 채로)을 바르게 놓아 미끄러지게 한다. 덧문 길이는 176㎝이다. 그러므로 사전을 덧문의 오른쪽 끝에 놓고 앞에서 한 찻잔 실험과 같은 요령으로 그것이 미끄러지기 시작할 때까지 조용히 덧문을 기울이면 그때 덧문 끝의 높이 h와 덧문 길이의 비로부터 그때의 각도 θ_s를 알 수 있어 간단히 $\tan\theta_s=\mu_s$라는 정지마찰계수가 도출된다. 운동마찰계수 μ_k는 미끄러지기 시작해서부터 사전이 마루에 떨어질 때까지의 시간 t를 측정하여 〈수식 2-6〉으로부터 계산하여 얻을 수 있다. 시간 t는 스톱워치로 측정한다.

이렇게 해본 실험 결과는 〈표 2-1〉과 같다. 조금 연습한 후 5회 반복해서 측정한 것이다.

표 2-1 | 오일러의 방법에 의한 운동마찰계수의 측정례

횟수	1	2	3	4	5	평균치
h(cm)	87	93	95	100	98	
t(sec)	2.8	2.0	2.0	1.6	1.6	
$\mu_s = \tan\theta_s$	0.570	0.622	0.642	0.690	0.669	0.639
μ_k	0.520	0.521	0.540	0.527	0.518	0.525
평균속도 s/t (cm/sec)	60	84	84	105	105	

미끄럼 거리 s는 168cm, 미끄럼대의 길이는 176cm

실로 간단한 실험이나 결과는 훌륭하게 나왔다. 쿨롱의 법칙 중 속도에 관계된 두 가지 중요한 항목을 실증할 수 있었다.

(1) 바로 알 수 있듯이 정지마찰계수 μ_s는 운동마찰계수 μ_k보다 확실히 크다.

(2) 운동마찰계수 μ_k는 평균 미끄럼 속도가 60cm/sec로부터 두 배 가까운 105cm/sec까지 변화했는데도 거의 바뀌지 않는다. 즉 운동마찰계수는 속도와는 무관하다.

위의 방법으로 쿨롱의 법칙 중 다른 문제점의 하나인 접촉 면적의 영향이 있느냐 없느냐, 이것도 물론 간단히 조사할 수 있다. 누가 해보지 않겠는가.

오일러에 대하여 마찰과 관련, 잊을 수 없는 공적의 다른 하나는 벨트 또는 원통 모양의 것에 감아 붙인 로프의 효용에 관한 이론이다. 벨트는 전동기의 축 등으로부터 다른 축으로 동력을 전달하기 위한 것인데 벨트와 풀리(활차) 사이가 미끄러지면 쓸모가 없다. 그러나 실제로는 좀처럼 미끄러지지 않는다. 실은 둥근 것에 감긴 벨트나 로프는 좀처럼 미끄러지지 않는 것이다.

여러분 중에는 서부극에서 다음과 같은 장면을 기억하고 있는 사람이 많을 것이다. 말을 타고 사막을 달려간다. 이윽고 서부의 작은 마을로 들어선다. 싸구려 여인숙과 수상한 술집이 길 양쪽에 늘어서 있다. 어느 술집 앞에 말을 멈춘다. 가게 앞에는 말을 매어두는 곳이 있다. 말에서 뛰어내려 고삐를 가로대에 두세 번 둘둘 감아 붙인다. 고삐의 끝은 묶지도 않는다. 어느 장면에서는 한두 번 감아 가볍게 묶는 수도 있다. 대체로 술집 안에서 권총 소동이 일어나기 직전 스릴 넘치는 장면이다.

그런데 이 경우, 되도록 짧은 시간에 말을 확실히 비틀어 매는 것은 어떻게 할까? 만약 필자가 서부극의 주인공이라면 묶지 않고 두세 번 감아서 고삐 끝은 길게 드리워둔다. 고삐는 나무와의 사이에서 되도록 마찰계수가 큰 것을 사용하고 고삐 끝은 약간 무겁게 해둔다. 이렇게 하면 묶지 않아도 고삐는 절대로 풀리지 않고 말도 절대로 도망가지 못한다. 이 이치가 실은 오일러의 유명한 벨트나 로프의 이론인 것이다. 예를 들면 고삐가 드리워진 부분의 무게를 200~300g으로 해도 말이 고삐와 통나무 사이의 마찰을 이겨내 고삐를 풀기 위해서는 그 무게의 천 배 정도의 힘,

즉 이 경우 200~300㎏의 힘이 필요하다. 기계공장에 없어서는 안 되는 벨트 장치와 이 서부극의 한 장면은 같은 원리에 의한 것이다.

이 원리에 대해서는 3장에서 설명하지만, 이러한 마찰력의 응용, 이용에 대한 연구가 나타난 것도 이 시대의 한 특징이다.

마찰의 원인—요철설

이렇게 해서 18세기 말의 쿨롱의 출현을 기다릴 것도 없이, 쿨롱의 법칙 3개 항목의 전부가 18세기 중엽까지 거의 확립되었던 것인데, 이러한 법칙이 성립하는 원인에 대해 당시의 연구자는 어떻게 생각하고 있었을까?

한마디로 말하면 레오나르도를 포함해서 거의 모든 사람이, '마찰저항이 발생하는 이유는 접촉면에 요철이 있어, 두 면을 접촉하면 이 두 면의 요철이 서로 맞물리기 때문에, 미끄러뜨리기 위해서는 그 돌출부를 따라 반복해 들어 올리거나 돌출부를 파괴하는 작업을 해야 한다. 그것이 마찰력이 발생하는 기본적인 원리다'라고 생각했다. 그러므로 예를 들면 프랑스의 드 카뮈(de Camus)는 1724년에 기름을 칠해서 마모가 저하하는 것은 기름이 요철면의 함몰 부분을 메워 요철이 줄어들기 때문이라고 말하고 있고, 레오나르도를 비롯한 당시 대부분의 실험자는 매끈한 면은 거친 면보다도 마찰이나 마모가 작다고 말하고 있다(이것은 매우 중요한 점이다. 이렇게 말하는 것은 후년에 와서 바로 이 점이 문제가 되어 다시 부정되었고, 근대 마찰이론은 그 위에 수립되었기 때문이다).

요철에 의해 마찰력이 발생한다고 치고, 마찰계수가 3분의 1이라든가

4분의 1이라는 거의 비슷한 정도의 값이 얻어지는 것은 어째서일까? 어떤 재질을 사용해도 거의 비슷한 값이 얻어진다는 것도 마찰의 원인을 재질이라는 마찰면의 질이 아닌 형상으로 돌리게 한 강력한 이유였다. 마찰면의 요철을 모델화하는 시도도 당시에 이미 이루어지고 있었다. 벨리도르(B. F. de Belidor)는 1737년에 마찰면으로서 무수한 반구를 붙여놓은 것과 같은 상태의 모델을 생각했다. 그리고 이러한 요철면 두 개를 합쳤을 때 생기는 마찰계수를 계산한 결과, 약 3분의 1이 되어 대체로 지금까지의 측정값 정도가 된다고 해서, 마찰력의 원인으로서 요철의 견해를 지지했다. 벨리도르의 반구 모양 요철 모델은 마찰면의 형상의 모델화로서는 획기적이며 또한 최초의 것이다. 오늘날에도 마찰면의 요철을 모델화하여 예컨대 마모식을 유도하는 경우 등에 사용되고 있다.

이상에서 말한 것과 같은 여러 가지 설, 즉 세부적으로는 여러 가지 차이가 있었으나, 요컨대 요철이라고 하는 접촉면의 형상이 마찰의 원인이라는 설을 오늘날 널리 요철설이라 부르고 있다.

이 요철설도 그 내용에 깊이 들어가서는 여러 정밀화한 견해가 당시에 제안되어 있었다. 요철 부분이 단단한 경우와 연한 경우, 또 탄성적인 경우와 무른 경우, 또 요철의 형상이 둥근 경우와 삼각인 경우 등이다. 각각의 경우에 마찰은 어떻게 될 것이고 마모는 이렇게 되리라는 등 여러 가지 논의가 있었다. 그러나 19세기에 이르러 요철이 새로운 사실의 발견으로 동요하기 시작했을 때, 맨 먼저 풍비박산이 되어버린 것은 이들 정밀화된 논의였다. 사실의 정확한 관찰에 단단히 뿌리박지 못하고 있는 말단

이론의 잔재주와 사변적인 논리의 확장, 정밀화가 얼마나 가볍고 무의미한 것인가를 이 작은 마찰의 역사 속에서도 명확하게 읽을 수 있다.

요철설이 부정되었을 때 아몽통의 법칙은 어떠했는가? 이 법칙은 실험법칙으로서 수백 년 거센 역사의 흐름 속에서도 살아남아 온 사실이다. 또 요철설을 부정으로까지 몰고 갔던 새로운 사실과 관점으로부터 그 내용은 더욱 풍부해지고 성립 조건도 명확해졌으며, 그 해석은 근대적 이론으로 무장되어 더욱더 그 신뢰성과 가치를 더하고 있다. 관찰과 실험으로부터 얻어진 실증적 법칙과 그 논리의 발전 형태 전형을 필자는 이 마찰의 작은 과학사의 단면에서 보는 것이다.

그러면 이 17~18세기 역사의 마지막으로 간단하나마 매우 중요한 기술을 얼마쯤 첨가하지 않으면 안 되겠다.

데자귈리에의 분자설

마찰력이 발생하는 원리나 메커니즘에 대해서는 17세기 말부터 18세기 중반까지 논의와 논의가 되풀이되며, 요철설은 차츰 굳어져 갔다. 특히 드 라 이르는 돌출부끼리 서로 걸릴 때, 재질에 따라 때로는 돌출부로 올라가 미끄러지기도 하며, 또는 걸리는 부분이 용수철과 같이 변형하거나 파괴되는 일도 있다고 말하고, 마찰 실험법칙의 모든 것을 요철설의 입장에서 일단 이론화했다. 이 입장은 그 후에도 계속 옹호되고 새로운 실험으로 보강되어, 18세기 말 마침내 쿨롱에 의해 요철설로서 완성된다. 요철설은 거의 프랑스에서 자라 프랑스에서 완성되었다.

그런데 쿨롱의 요철설이 완성되기 이미 50년 전, 영국 본토에서는 조용히 그러나 놀랄 만한 새로운 사고방식이 싹트고 있었다. 17세기 말에는 이미 뉴턴의 역학이 훌륭한 체계를 완성하여 모든 과학자, 기술자의 머리가 역학적 기계론으로 기울고 있었던 것은, 역학적 입장에서는 요철설의 완성에 힘이 되었을 것이라고 생각한다.

하지만 이 프랑스에서의 요철설의 거센 흐름을 외면하고, 영국의 물리학자 데자귈리에(J. T. Desaguliers, 1683~1744)는 그의 저서 『실험물리학 교정(教程)』(1734년)에서 마찰력이 나타나는 진짜 원인은 마찰면이 갖는 분자력의 교착에 의한 것이라는 견해를 말하고 있다. 즉 요철설의 상식에 정면으로 반대해서, 마찰력은 표면이 매끄러울수록 커져야 한다고 주장했다. 그 이유는 간단하다. 표면이 매끄러울수록 마찰면은 서로 접근하고, 표면 분자력의 간섭이 증가할 것이라고 말한다. 물론 그는 아몽통이 세운 마찰법칙을 부정하고 있지는 않으며 실험에 의해 그 정당성을 인정하고 있다. 그러나 그는 이들의 실험법칙을 어디까지나 근사적, 외견상의 것이라고 생각하고 있으며, 말하자면 진정한 마찰이라는 현상은 표면의 분자력에 귀착되어야 한다고 믿었다.

이 설이라기보다는 사고방식은 일종의 예언적인 향기마저 풍기는 혁명적인 것이었는데, 그가 이 견해에 도달한 것은 결코 다른 주장을 하기 좋아하기 때문만은 아니었다. 그는 약간 별난 사람인 것 같다. 말 한 필의 힘은 영국인 다섯 사람의 힘, 프랑스인과 네덜란드인 일곱 사람의 힘에 해당한다는 따위로 이 물리 교과서에 쓰고 있다.

그가 반(反)요철설의 입장이라기보다는 마찰 원리에 관한 하나의 이설(異說)을 말한 것은 실험 중 발견한 하나의 강력한 사실에 의한 것이었다. 그가 실험 중에 우연히 납공(鉛球)으로부터 지름 4분의 1인치 정도의 세그먼트(segment)를 잘라내, 마찬가지로 세그먼트를 잘라낸 다른 한 개의 납공과 그 자른 면과 면을 손으로 비틀면서 세게 눌러 붙였더니, 2개의 공이 밀착했다고 한다. 부착력이 또 예상외로 강해서, 16~47파운드(7~20kg)로 잡아당겨져야 겨우 떼놓을 수 있었다고 한다. 더구나 떼어낸 자국을 관찰한 결과, 부착시킨 면적의 몇 분의 1밖에 접촉해 있지 않았다는 것이다.

이 사실에서 금방 그는 요철설에 불신을 가졌다. 그의 분자설은 여기에서부터 태어났다. 그가 「평면을 어디까지고 매끄럽게 연마해가면 언젠가는 마찰이 증대할 것이다」라고 말했을 때, 그것은 위의 사실로부터 그가 더듬어나간 분자설에 도달하는 당연한 귀결이었다. 그러나 그는 이것을 실험적으로 증명할 수가 없었고, 위의 말은 끝내 「예언」으로서 기록에 남겨졌는데, 그의 예언은 20세기에 이르러 표면 가공기술의 진보에 따라 마침내 같은 영국의 하디(W. Hardy, 1864~1934) 경의 실험에 의해 증명된다. 이 밖에 그는 습기가 있는 표면에 역시 부착현상이 일어나고, 그것이 마찰에 개입한다는 것도 말하고 있다. 액체막에 의한 부착, 이것도 그의 분자설의 큰 공헌이며 뒤에 하디의 중요한 연구 과제가 된 것이다.

레오나르도로부터 아몽통까지 요철설의 과정은 200년을 소요했다. 그리고 그 완성기 쿨롱의 시대까지는 300년이 걸렸다. 데자귈리에의 분자설도 다음의 분자론자 유잉(J. A. Ewing, 1855~1935), 하디까지 150년,

그의 발전적 변신인 응착설(凝着說)이 거의 완성된 것으로 보는 현재까지 200년이 걸렸다. 요철설이 프랑스에서 태어나 프랑스에서 완성됐듯이, 근대 응착설은 영국에서 태어나 영국에서 완성된 것이다. 주목할 것은 데자귈리에의 분자설은 요철설 완성 전에 그 발전의 분류 속에서 이미 싹트고 있었다는 사실이다. 이것은 요철설이 완성에 가까워짐에 따라 그 자기모순도 점차 양성, 축적되어, 분자설이나 근대 응착설이 요철설의 자기부정으로써 태어난 것임을 의미하는 과학사적 필연이었던 것이다. 응착설에 대해서는 뒤에서 자세히 설명하겠다.

데자귈리에로부터 150년의 공백, 이것은 무엇을 의미하는 것일까? 앞에서 언급했듯이 요철설과 분자설의 논점, 즉 그의 시비 결착의 무대는 마찰면의 「요철」과 「접촉」의 장(場)이었다. 20세기 표면의 마무리 기술이나 접촉 측정기술의 진보가 양자 결착의 준비를 하고 있었다. 20세기까지 이 문제의 해결이 미루어지고 있었던 것은 당연했다.

질풍노도의 18세기 전반의 기술(記述)이 다소 길어진 것 같으나, 이 시기는 마찰 연구사상 백화만발의 가장 화려한 시대였던 동시에 각종 데이터와 견해가 난립한 전국시대이기도 하며, 모든 것은 대립, 혼돈한 채로 쿨롱의 시대로 넘겨졌다.

그러나 필자는 이 절을 마치면서 혼돈 속에 작은 빛이나마 환하게 20세기 마찰의 세계를 꿰뚫는 두 가닥의 빛이 있었다는 것을 지적해두고 싶다. 첫째는 드 라 이르의 접촉면 불연속성의 사고방식과 둘째는 데자귈리에의 마찰 원인에 관한 분자론적인 사고방식이다. 이 두 개념이 근대 마찰이론의 확립에 어떠한 결정적 의미를 갖는지는 4장에서 다시 설명하기로 한다.

3. 쿨롱

실험에 의한 기본법칙의 확립

쿨롱은 1736년에 프랑스의 앙굴렘에서 태어났다. 그의 이름은 정전 기학에서의 「쿨롱의 법칙」을 유도한 것으로 잘 알려져 있는데, 그가 그 후 반생에 물리학 내지는 기계학의 영역에서 확립한 「쿨롱의 마찰법칙」은 전자에 못지않은 업적이다.

파리에서 물리학을 공부하고 육군에 들어가 거기서 군사 기술자로서 부르봉 요새의 구축 등에 공을 세웠다. 후년에 파리로 돌아왔는데 당시의 프랑스 과학아카데미는 우수한 마찰 연구에 대해 포상을 하고 있었다. 그는 이미 나침반의 개량으로 수상한 경력이 있었으며 로슈홀항에서 있었던 마찰 연구—「간단한 여러 가지 기계의 이론」이라는 제목으로 1785년에 발표—에 의한 공헌으로 아카데미에서 두 번 수상을 했다. 1782년에는 아카데미 회원에 선출되었다.

쿨롱

프랑스 과학아카데미가 마찰에 관한 논문의 현상 모집을 한 것은 이유가 있다. 당시 프랑스는 대혁명 직전이었다(프랑스혁명은 1789년에 일어났다). 문화, 경제, 산업, 군사가 모두 난숙기에 있었고 그중에서 모든 기계의 성능 향상, 내구성 향상을 위한

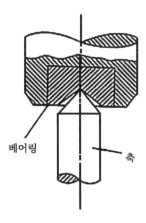

그림 2-5 | 피벗 베어링

하나의 장벽이 마찰 문제여서, 그것이 설계상의 난제였다는 것이 첫 번째 이유이다. 두 번째는 당시 이미 마찰에 관해서는 상당히 연구가 진행되어 마찰의 성질도 일단 알고는 있었으나 마찰 실험은 모두 실험실적인 것뿐으로, 실지로 적용하기에는 데이터로서 신뢰성이 낮아 요즈음에는 상식적인 상사율의 응용과 같은 지혜도 아직 없었다. 급속히 발전하고 있는 기계 기술을 위해 신뢰할 수 있는 실용적인 데이터가 요구되었다.

이 아카데미의 기대에 쿨롱은 훌륭하게 대답했다. 그의 논문은 글자 그대로 18세기 마찰 실험과 이론의 집대성이고 결론이기도 했다.

쿨롱의 작업은 대상별로 나누면 첫째는 평면의 마찰, 둘째는 로프의 마찰, 셋째는 피벗 베어링[첨축수(尖軸受), 〈그림 2-5〉]의 마찰, 넷째는 구름마찰이며, 물론 그 연구의 주력은 첫 번째 과제로 마찰의 법칙과 원리를 확립하는 데 있었다.

그는 정지마찰과 운동마찰을 처음부터 확실히 구별하여 논문에서는 별개의 장으로 다루어, 그것들의 총정리로 마찰이론의 장을 다루고 있다. 마찰이 매우 복잡한 여러 가지 인자에 영향을 받는다는 것도 그는 충분히 알고 있어, 물체가 하나의 평면 위에서 미끄러지기 시작할 때는 다음과 같은 인자가 영향을 끼친다고 하고 그 각각의 영향을 조사하는 등의 실험을 했다.

⑴ 접촉면의 재질 및 윤활 상태
⑵ 접촉면의 크기
⑶ 접촉면에 걸리는 하중
⑷ 접촉하고서부터 미끄러지게 할 때까지의 시간

쿨롱은 사실은 또 하나의 인자로서 대기의 영향, 특히 습도의 영향을 생각하고 있었다. 습도가 높으면 물의 분자가 마찰면에 부착해서 윤활 작용을 할 가능성이 있다는 것이다. 그러나 그의 실험 결과에 습도의 영향은 현실적으로 볼 수 없었다는 뜻에서부터 이 인자는 실험으로부터는 제외되어 있다.

이 실험 과제를 다루는 방법 중에서, 요철설의 완성자 쿨롱의 사고방식 한 단면을 엿볼 수가 있다. 그것은 요철설을 주장하면서도 재질, 윤활, 특히 습도와 같은 오늘날의 이른바 물성적인 요소의 영향을 이미 충분히 배려하고 있었다는 사실이다. 다만 그는 이 마찰 원리에 관한 물성면을 영향이 적다고 버렸다. 왜 시원스럽게 버렸을까? 그가 실증적인 과학자였기 때문이다. 그것은 그의 다음의 말에서 잘 엿볼 수 있다.

「서로 미끄러지는 두 면의 마찰저항의 물리적 원인으로는 표면의 요철 한 부분 관계 이외에는 생각할 수 없다. 거기서는 요철 부분에 휨도 일어날 것이고 파괴도 일어날 것이며, 돌출부를 타고 넘는 일도 있을 것이며, 또 접촉부의 미소한 돌출부가 접근 때문에 찌부러지기도 할 것이다. 그러나 운동하기 위해서는 어쨌든 간에 이들의 관계를 극복하지 않으면 안 되는 것이다. 이들의 원인 중 어느 것이 참원인일까—이것을 결정할 수 있는 것은 실험뿐이다.」

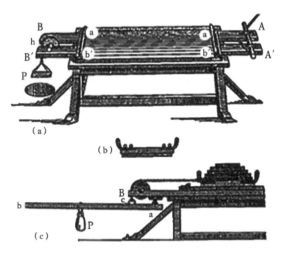

그림 2-6 | 쿨롱이 사용한 실험 장치

이것은 그가 18세기 마찰 연구자 중에서도 마찰현상의 복잡성을 가장 잘 알고 있고 더구나 마찰현상의 물성적인 일면도 고려하고 있으면서, 그래도 단호하게 마찰 원인의 기계론적 해석, 즉 요철설의 입장을 취한 그의 실증적 자세를 잘 나타내고 있다고 생각한다.

쿨롱의 실험 데이터는 역사적인 보물이지만 생략하기로 하자. 다만 이 위대한 마찰법칙을 확고부동한 것으로 만든 실험 장치가 어떠한 것이었나,라는 점은 여러분에게도 흥미가 있으리라 생각하기에 소개해 둔다.

위의 〈그림 2-6〉이 그것이다. (a)에 보였듯이 외관은 소박하나 튼튼한 장치이다. 실험대의 크기는 길이가 250㎝ 정도이다. 그 위에 AB, A′ B′의 두 장의 패널이 7.5㎝ 간격으로 배열되어 있다. 치수는 다 길이 360㎝, 너비 20㎝이다. 이 패널의 왼쪽 끝 BB′에는 유창목(Lignumvitae)축을 가진 지름 30㎝의 풀리 h가 설치되어 있고, 거기에는 마찰을 측정하는 추를 놓는 접시 P가 걸려 있다. P 밑의 구멍은 운동마찰을 측정할 때 추의 접시가 내려가도 마루에 부딪히지 않게 120㎝의 깊이까지 구멍이 파여 있다. 패널의 오른쪽 끝 AA′에는 레버가 달린 축이 있는데, 이것은 마찰대에 놓은 물체를 실험 후 원래의 위치로 되돌리는 로프를 감는 축이다. 실험마다 실험대 위의 물체는 손으로 잡아 원위치로 되돌리면 좋다는 따위로 생각해도 그것은 무리이다. 쿨롱은 무게 300㎏ 정도의 물체까지 실험했다.

두 장의 패널 AB, A′B′ 위에 중요한 마찰대 aa′bb′를 장치한다. 재료는 떡갈나무로, 그 표면은 대패로 깎고 다시 상어 가죽으로 연마되어 있다. 크기는 길이 243㎝, 너비 40.6㎝, 두께 7.5㎝로 이 위에 (b)와 같은 썰매를 올려놓고 썰매의 아랫면과 마찰대의 표면 사이의 마찰을 측정하려는 것이다. 썰매에는 여러 가지 추를 올려놓아 하중을 조절한다. 썰매의 왼쪽에 로프를 달고 풀리 h를 통해서 접시 P의 추로써 미끄러지게 한다.

정지마찰을 측정하는 데는 위와 같이 하거나 마찰력이 클 때는 (c)와 같은 지레를 사용하여 미끄럼을 일으키면 된다. 얼마나 웅대한 실험인가.

운동마찰의 측정

그러면 운동마찰은 어떻게 측정했을까? 그는 앞에서 설명한 오일러의 방법을 이용했다. 즉 오일러는 빗면을 미끄러져 내리는 물체가 지나는 거리와 시간으로부터 마찰계수를 산출했는데, 쿨롱의 경우는 추로써 수평으로 미끄러지게 한 것만이 다르며 다른 것은 똑같은 방법으로 마찰계수를 구했다. 장치가 크기 때문에 해보면 꽤 힘든 실험이었을 것으로 생각된다. 이 운동마찰을 측정할 때의 실험 상태를 쿨롱의 생생한 기술 그대로 소개하겠다.

썰매를 미끄러지게 하기 위해서는 망치로 썰매를 가볍게 두들겨 진동을 주거나 고정된 마찰대 aa′bb′에 부착한 크랭크로 썰매 뒤를 밀었다. 마찰대 옆에는 1인치 정도의 틈새를 만들어놓고, 이 사이의 썰매의 통과 시간을 초시계로 측정했다. 필자의 실험 조수는 다음과 같이 배치했다. 한 사람은 시간(흔들이의 진동수)을 읽고 다른 한 사람은 썰매가 마찰대의 두 틈새를 통과할 때마다 그 순간을 「네」라고 소리쳐 알리게 하고, 필자는 측정치를 적거나 비교하는 기록 담당이다.

쿨롱이 마찰법칙을 추적해서, 두 사람의 조수를 상대로 웅장한 실험을 계속하고 있는 모습이 역력히 눈앞에 떠오른다. 특별한 도구나 정밀한 계기 등은 하나도 사용하지 않았다. 나머지는 이 시간과 거리로부터 오일러의 이론에 따라 운동마찰계수를 산출할 뿐이다.

그가 실험한 범위는 다음과 같다.

(1) 접촉 면적은 2,780㎠로부터 네 다리라든가 선 모양의 직사각형 다리 등 작은 면적까지

(2) 단위면적당 압력은 0.08~50kg/㎠까지

(3) 썰매를 놓아두고부터 미끄러지기 시작하기까지의 시간은 0.5초로부터 4일간까지

(4) 미끄럼 속도는 평균속도에서 1.75m/sec와 4.2m/sec의 두 종류

그들의 실험 결과는 결코 산뜻한 것은 아니었고, 관점에 따라서는 아몽통 등이 확인한 법칙성에서 그다지 전진하지 않은 것으로도 보인다. 그러나 그 실험 결과는 복잡한 여러 관계 속에서 매우 일반적인 선이 굵은 법칙성으로서 아몽통 등이 얻은 결과를 재확인한 것이다. 쿨롱이 그의 실험 결과를 정리한 결론을 보자.

(i) 건조 상태에서 충분히 긴 접촉 시간을 가진 뒤 나무(떡갈나무)와 나무(떡갈나무)의 (정지)마찰력은 수직 하중에 비례한다. 다만 이

마찰력은 접촉 시작의 수분간은 시간과 더불어 약간 증대하고, 뒤에는 포화한다.

(ii) 같은 나무와 나무의 건조 상태의 (운동)마찰력에도 그다지 속도가 크지 않을 때는 역시 수직 하중에 비례한다. 그러나 이때의 마찰력은 잠시 접촉 시간을 가진 후의 (정지)마찰력보다도 작다. 예를 들어 양자의 비는 95 : 22라는 관계가 얻어진다.

(iii) 금속과 금속과의 건조 상태의 마찰력은 역시 수직 하중에 비례한다. 그러나 금속의 경우 썰매를 놓아두고서부터 일정 시간이 지난 뒤의 (정지)마찰력은 약간의 속도로써 미끄러지는 경우의 (운동)마찰과 차이가 없다.

(iv) 건조 상태에서 다른 재질의 것을 미끄러지게 한 경우, 예를 들어 나무와 금속을 마찰한 경우의 결과는, 전과는 완전히 다른 결과가 된다. 예를 들면 마찰력은 접촉시키고부터 미끄러지게 할 때까지의 시간의 영향을 받아 4~5일간 때로는 그 이상의 기간 동안 완만하게 증대하는 경향을 취한다. 그것이 금속과 금속의 경우는 순간적으로 포화했고 나무와 나무의 경우에서도 몇 분간 포화했다. 이처럼 나무와 금속의 경우에는 접촉 시간에 의한 마찰력의 증가 방법이 매우 느리기 때문에 매우 느린 속도에 대한 나무와 금속의 (운동)마찰력은 접촉 시간을 3~4초 둔 후의 (정지)마찰력과 거의 같다. 또 건조 상태에서 나무와 나무의 마찰, 금속과 금속의 마찰에 대해서는 미끄럼 속도가 거의 영향을 끼치지

않는다. 그러나 이 경우에도 마찰력은 속도의 증대와 더불어 증대하는 경향을 취하는 것으로, 속도가 기하급수적으로 증대함에 따라 마찰력은 산술급수적으로 증대한다.

이것이 말하자면 본래 그대로의 쿨롱의 마찰법칙인 것이다. 필자가 쿨롱이 이것저것 갈피를 잡지 못하면서 정리한 4개 조항을 일부러 든 것은, 이 정리의 시점에서 쿨롱은 아직도 많은 문제점을 갖고 있었고, 각종 의문을 풀고 있었다는 것을 보여주고 싶었기 때문이다. 위의 4가지 조항은 물론 그의 실험 결과를 사실로 정리했을 뿐이며, 그는 한마디로 마찰법칙이라고는 말하고 있지 않다. 다만 주목하고 싶은 점은, 이 4가지 조항 중에, 이른바 오늘날 쿨롱의 마찰법칙의 모든 것이 미정리인 채로 숨겨진, 그림같이 포함되어 있다는 점이다.

예를 들면 1장 쿨롱의 마찰법칙 (1)은 (i), (ii), (iii)에, (2)는 (iv)에, (3)은 (ii)에 포함되어 있다. 그는 이 정리에서 마찰법칙을 좁은 범위에 몰아넣기는 했으나 법칙 자체를 최종적, 한정적으로 조문화(條文化)하는 것까지는 할 수 없었다. 오히려 그러한 의도가 없었다고 말해도 좋을 것이다. 쿨롱 이후에도 마찰 연구는 많은 연구자에 의해 발전되었으나, 그러한 거대한 실험군(實驗群)의 역사적 여과 속에서 위 4개 조항으로부터 차츰 떨어질 것은 떨어지고, 말라죽을 것은 말라서 오늘날 쿨롱의 마찰법칙이 확립되었다고 보는 것이 옳을 것이다. 세상의 이른바 마찰 전문가도, 쿨롱의 법칙을 마치 쿨롱 한 사람이 그 2개 조항 또는 3개 조항을 열거해 남긴 것같이 착각하고 있는 사람이 있으나, 그것은 큰 잘못이다. 많은 역사적인 위대한 실험법칙이 정말로 확립되기 위해서는 역시 역사를 필요로 했다는 것의 좋은 보기이다. 예를 들면 쿨롱은 나무와 금속과의 여러 가지 조합 방법을 하나하나 확실히 밝혀 적고 있지, 결코 이것을 고체의 마찰이라는 듯이 일반화하고 있지 않다. 자신의 실험 범위 내의 사실을 사실로써 기술하고 있는 데 지나지 않는다. 이것이 오늘날과 같이 「고체의 마찰」 일반으로 확장해서 표현된 것은, 후세 연구자들의 실증 축적에 의한 것이다.

쿨롱은 자신의 실험으로부터 얻은 마찰의 법칙성이 성립하는 이유에 대해서도 긴 논의를 하고 있는데, 이것은 생략하고 다만 그가 마찰력과 수직력과의 비례관계를 표시한 식을 써둔다.

그가 쓴 실험식은 〈수식 1-1〉, 〈수식 1-2〉와는 다르다. 그것은 일반적으로

$$F = A + \mu_1 P \quad \cdots\cdots \langle 수식\ 2\text{-}7 \rangle$$

이라는 형태로 표현되어 있다. 이 식에서 F는 마찰력, P가 수직력, μ_1이 하나의 마찰계수라는 것은 전과 같으나, 전 식과 다른 것은 A라는 상수(쿨롱에 따르면 이 상수는 수직력의 제곱근에 비례한다고 말하고 있으나, 이것은 여기서는 아무래도 좋다)가 한 항 첨가되어 있다는 점이다. 그 결과 전체로서의 마찰계수 μ의 식은

$$\mu = \frac{F}{P}$$

$$= \mu_1 + \frac{A}{P} \quad \cdots\cdots \langle 수식\ 2\text{-}8 \rangle$$

로 되며 마찰계수는 수직력이 매우 작은 경우에는 매우 커지고, 수직력이 증가함에 따라 차츰 저하해서, 어느 일정치 μ_1에 차츰 접근하는 경향을 취하게 된다. 이 상태를 도시하면 〈그림 2-7〉과 같다.

쿨롱은 이런 경향을 마찰면이 윤활되어 있는 경우나, 나무와 금속을 마찰하는 등 다른 재질 사이의 마찰의 경우에 나타난다고 말하고 있는데, 이것은 오늘날에도 실험적으로는 전적으로 올바른 관계이다. 다만 이 A 라는 상수가 무엇인지는 아직까지 확정적이지 않다. 그러나 수직력에 무관한 항이기 때문에 점착력(粘着力)이라 부르는 일이 있다. 쿨롱은 이 A를 비교적 가볍게 보고, 수직력이 특히 작은 경우를 제외하면 마찰력은 거의 수직력과 비례관계가 있다고 규정한 것이다.

사실 쿨롱 이후에도 속도에 관해 역시 마찬가지의 마찰계수 차이가 나는 부분이 있다는 것이 밝혀져 있다(그림 2-8). 그것은 속도가 매우 낮은 영역에 역시 마찰계수가 증대하는 부분이 나타난다는 것이다. 이미 속도

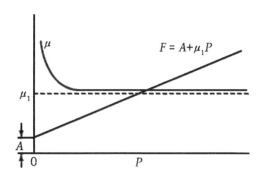

그림 2-7 | 쿨롱의 마찰식에 나타난 여러 관계 (마찰력 F 마찰계수 μ 수직력 P와의 관계)

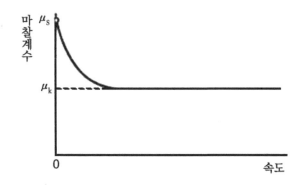

그림 2-8 | 마찰계수와 미끄럼 속도와의 관계

에 관해서는 정지마찰(속도가 0일 때의 마찰로 보아도 된다)이 운동마찰보다 크다는 것을 말했는데, 정지마찰로부터 운동마찰로의 천이는, 속도 제로인 점으로부터 작은 어느 유한속도로 옮겨 간 순간에 마찰이 불연속적으로 운동마찰로 저하하는 것이 아니라, 역시 어느 영역 내에서 속도가 증가함에 따라 연속적으로 저하하고 있다. 그리고 이 경향도 또 오늘날 충분한 설명이 주어졌다고는 말하기 어렵다.

어쨌든 이들 수직력이나 속도가 매우 작은 영역에서 마찰계수의 증대는 오늘날 마찰법칙의 예외 부분으로서 다루어도 될 것이다.

피벗과 구름마찰의 연구

마지막으로 쿨롱의 마찰에 관한 연구 중에서 앞에서 언급한 나머지 한두 가지 업적에 대해 약간 설명을 첨가해두겠다.

그 하나는 피벗 베어링(〈그림 2-5〉 참조)이라고 일컫는 뾰족한 축 끝과 베어링 사이의 마찰에 관한 응용 연구이다. 당시는 항해용 컴퍼스의 내구성이나 정밀도의 향상이 해운 발전을 위해 강력히 요구되고 있었고, 그 때문에 먼저 컴퍼스 침을 지탱하는 베어링의 마찰을 낮출 필요가 있었다.

쿨롱은 〈그림 2-9〉와 같은 장치를 이용해서 각종 금속이나 돌의 베어링과 뾰족한 축 사이 마찰의 크기를 비교 측정했다. 즉 그림에서 g에 각종 베어링을 놓고, 그 위에 뾰족한 축 dg가 얹혀 있다. 축은 추 a, b를 드리운 모자 abd와 한 몸체로 되어 있다. 이 모자 겸 추는 가느다란 화살 스프링 ef 끝에 연결되어 있어 조금 회전시켰다 놓으면 좌우의 회전 진동을 한다. 그 감쇠도로부터 앞의 오일러의 방법과 원리적으로는 똑같은 방법으로, 뾰족한 축과 베어링 사이 회전마찰을 계산식으로 구하는 것이다.

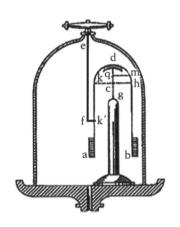

그림 2-9 | 쿨롱의 피벗 베어링의 실험 장치

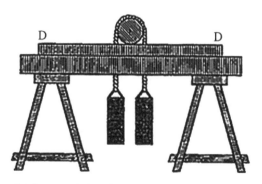

원통에 로프를 걸치고, 좌우에 있는 추의 조그마한 무게 차이에도
구를 수 있어 마찰을 구했다

그림 2-10 | 쿨롱의 구름마찰의 실험 장치

쿨롱은 이 장치를 사용해서 당시 컴퍼스의 베어링으로 사용되고 있던
원추형 베어링보다 평면 베어링이 회전마찰에 있어서 5분의 1이나 6분의
1로 된다는 것과 또 재질에서 있어서는 석류석의 베어링 마찰을 1로 하면
마노(瑪瑙 : 석영의 하나)는 1.2, 수정은 1.3, 유리는 1.8, 강철은 2.8의 비율
이라는 것 등을 밝혀, 오늘날 널리 시계 등 정밀기계의 베어링에 「돌」(주로
루비)을 사용하는 유리성을 처음으로 계통적 데이터로 제시했던 것이다.

쿨롱의 또 한 가지 업적은 구름마찰에 관해서 처음으로 하나의 실험법
칙을 부여한 일이다. 마찰에 「미끄럼」 마찰과 「구름」 마찰의 두 종류가 있
다는 것은, 이미 레오나르도 이후 지적되고 있었던 것인데 쿨롱은 〈그림
2-10〉과 같은, 이것 또한 매우 소박한 도구를 사용해서 실험을 반복하여,
다음과 같은 관계가 성립되는 것을 제시했던 것이다.

$$F = k \cdot \frac{P}{r} \ \cdots\cdots \ \langle\text{수식 2-9}\rangle$$

F는 구름마찰력(원통의 접촉면에 구르는 방향과 반대 방향으로 작용하는 힘), P는 하중, r는 원통의 반지름, k는 비례상수이다. 쿨롱은 이 k를 구름마찰계수로 부르고 있는데, 오늘날에는 미끄럼마찰계수와 같은 개념을 사용해서 F와 P와의 비 λ를 구름마찰계수로 부르는 일이 많다(〈그림 5-3〉 구름베어링 참조). 따라서 λ는 k와 r의 비가 된다.

〈수식 2-9〉는 F와 r와의 곱, 즉 마찰에 의한 회전의 모멘트가 하중에 비례하는 것을 나타내므로, 미끄럼마찰의 경우에 마찰력이 하중에 비례한다는 규정을, 구름마찰의 경우에는 마찰에 의한 회전 모멘트가 하중에 비례한다고 적용하면 되는 것이다.

이 쿨롱의 구름마찰 법칙이 미끄럼마찰 법칙만큼 유명하지도 않고 또 오늘날 널리 적용되지도 않는 것은, 사실은 〈수식 2-9〉가 가리키는 법칙이 경우에 따라 실제와 잘 맞지 않기 때문이다. 그렇다면 더 정확하고 널리 적용될 수 있는 법칙이 그 후에 나타났느냐 하면, 오늘날에도 미끄럼마찰 법칙만큼 신뢰성이 있는 관계식은 나오지 않고 있다. 구름마찰은 매우 복잡하고 잡다한 원인에 의해 생기므로, 이 모든 경우에 성립되는 법칙은 현재로는 오히려 없는 것으로 보이며, 각 경우에 한정된 조건으로 성립되는 법칙밖에 없을 것 같다. 그런 의미에서 쿨롱의 구름마찰 법칙은 쿨롱의 실험 범위에서는 훌륭하게 성립되는 한정적 법칙이었다.

손수레, 유모차, 자전거, 자동차, 롤러스케이트, 전차 등 우리는 오늘날의 수송기관, 운반차 등에 얼마나 많은 차바퀴와 굴림대의 마찰을 이용하고 있을까? 그 대부분은 「차바퀴의 지름은 큰 것이 가볍게 움직이냐, 작은 쪽이 가볍게 움직이냐」라는 얼핏 보기에는 매우 유치한 과제인 것이다. 실험도 쉽다. 그러나 실험을 해보면 조건에 따라 큰 것이 득이 될 수도 있고, 손해가 될 수도 있어, 일반적이고 통일적인 관계는 아직 잘 알지 못하고 있다. 이런 간단한 일을 하고 생각하는 사람이 있다면, 과거 어떤 미로(迷路)가 기다리고 있었으며, 이전에 그 길로 빠져들었던 선배들이 어떤 막다른 골목에 몰려 어디서 쓰러졌는가를 찾아보는 것도 재미있을 것이다.

마찰법칙을 추적하여 과거 우리 선배들은 과학과 기술의 진보의 길을 차분히 걸어왔다. 필자는 마찰의 역사는 기계기술사(機械技術史)의 야사(野史)라고 생각하고 있으며, 지금 기계기술사의 네러티브(narrative)를 만드는 것과 같은 심정으로 고증을 거듭하여 겨우 쿨롱에까지 도달했다. 위대한 쿨롱은 18세기의 질풍노도와도 같은 드라마에 하나의 결말을 짓고, 1806년에 죽었으나, 시대는 아직도 18세기가 끝난 때였다. 쿨롱의 법칙은 그 성립 과정에 있어서 이미 그 내부에 모순을 잉태하고 있었다는 것은 앞에서도 언급했다. 19세기 마찰의 역사에서는 이 모순, 분자설과 응착설이 어떻게 팽창해갔느냐가 당연히 화제의 중심이 되어야 할 것이다. 이야기식으로 표현하면 드디어 파란을 품은 19세기를 맞이하는 단계에 다다른 것이다. 그러나 유감스럽게도 필자는 이미 이 작은 과학과 기술의 역사를 중단하지 않으면 안 된다.

애당초 필자가 이『마찰 이야기』의 서장의 하나로 마찰의 역사를 덧붙인 것은, 다음 장부터 말할 마찰의 여러 가지 현상이나 응용, 그 원리에 들어감에 있어, 그것들을 지배하는 쿨롱의 법칙이라는 두세 줄의 그것도 누구나 다 알고 있는 간단한 규정을 꼭 인간 문화사의 일환으로서 과학사적, 기술사적으로 이해해주었으면 해서, 아니 그럴 필요가 있다고 생각했기 때문이다. 그런데도 필자는 19세기 마찰 연구의 근대적 발전사를 눈앞에 두고 일단 쿨롱에서 마찰 역사의 막을 닫을까 생각한다. 이유는 간단하다. 첫째는 이 작은 저서가 마찰의 과학사, 기술사를 목적으로 한 것이 아니기 때문이다. 필요 최소한도에서 자르고 앞으로 나아가지 않으면 안 된다. 둘째는 다음 장에서부터 설명하는 일상의 마찰현상을 흥미를 가지고 관찰하고, 또 그것을 이해하기 위해서는 쿨롱의 법칙을 올바르게 이해하는 것이 필요하고도 충분한 조건이라고 생각했기 때문이다. 마찰에 관한 근대 이론에 대해서는 4장에서 약간 언급할 기회가 있을 것이다.

18세기 말엽의 역사 속에서부터 20세기의 현대로 되돌아와서 우선 눈을 일상 신변의 마찰현상에 돌려보기로 하자.

3장

일상 신변의 마찰현상

1. 생활 속의 마찰현상

먼저 우리의 일상생활 속에서 마찰현상을 찾아보자. 과학이나 기술의 수준이 고도로 발달한 오늘날 사회에서, 일상생활 속에서부터 과학이나 기술의 진보에서 얻는 은혜를 예시하는 것은 참으로 쉬운 일이다. 그러나 마찰이라는 자연과학적 현상이 어떻게 우리의 일상생활 속에 숨어 있고 나타나며, 더구나 우리가 그 은혜를 입고 있느냐고 하게 되면, 어쩌면 금방 대답할 수 없을지도 모른다. 그러나 그 은혜야말로 만유인력의 덕택으로 우리가 지구로부터 이탈하지 않는 것과 같은 종류의 보편적인 것이며, 만유인력이 질량이 있는 것의 존재 자체에 밀착된 자연현상인 것처럼 마찰은 질량이 있는 것끼리의 접촉 자체에 밀착된 필연적인 자연현상인 것이다. 그리고 위대한 법칙이 흔히 매우 간단한 형태로 정식화(定式化)된 것 같이(예를 들면 만유인력의 법칙도 그렇지만), 고체의 마찰법칙도 매우 단순한 형태로 표현될 수 있었던 것은 지금까지 이미 설명한 그대로다. 만유인력의 은혜를 우리가 거의 의식하지 않듯이, 마찰의 은혜도 우리는 거의 의식하지 않는 것이 보통이지만, 기술의 진보가 마찰과의 치열한 투쟁을 요구하기 시작하고서부터 우리는 겨우 의식적으로 마찰현상, 마찰 메커니즘의 과학적 연구에 손을 대기 시작한 것이다.

데라다 선생의 고찰의 관찰

작고하신 데라다(寺田寅彦) 선생님의 수필에 「일상 신변의 물리적 여러 가지 문제」라는 것이 있다. 1932년에 쓴 것으로 그 속에 마찰의 문제가 몇 가지 다루어져 있다. 아마 선생님이 일본에서는 처음으로 물리현상으로서 마찰의 문제에 깊은 흥미를 보이신 것이 아닐까 한다.

1935년에 필자는 도쿄대학의 항공연구소에 봉직하여, 처음으로 그리고 작고하실 때까지의 아주 짧은 기간이었으나 선생님의 알음을 얻어, 식당 등에서 이야기를 들을 기회가 있었다. 그때 마찰은 재미있는 문제다, 좋은 테마이므로 열심히 공부하라는 의미의 격려를 받은 것을 기억하고 있다.

이 선생의 수필 중 비 오는 날에 구두를 신고 포장도로를 거닐고 있으면, 벽돌이나 아스팔트의 포장도로는 그다지 미끄러지지 않는데도, 인조석을 깔아놓은 경우에는 대단히 미끄러지기 쉽고, 특히 노면이 다소 진흙을 포함하고 있으면 더욱 미끄러지기 쉬우며, 또 같은 구두라도 구두창의 가죽 부분은 미끄러지지 않는데도 발뒤축의 고무 부분이 미끄러진다는 등의 이야기가 쓰여 있다. 그렇기 때문에 이런 경우에는, 자신은 구두의 가죽 바닥 부분에 체중이 실리도록 하여 걷는 방법을 발명했노라고 자랑하고 계시다. 그리고 진흙탕 물일 때 미끄러지기 쉬운 것은, 진흙을 함유하면 물의 점도(粘度)가 증가하기 때문에 구두 바닥과 노면 사이에 비교적 두꺼운 진흙물의 점성막이 생겨서 미끄러지는 것이려니 하고 해석하고 있다. 마치 도로에 떨어져 있는 사과 껍질을 밟아도 잘 미끄러지지 않는데도, 바나나 껍질을 밟으면 점도가 높은 즙이 나와 그것이 구두 바닥과 노면 사이에 점성막을 형성하기 때문에 미끄러지기 쉬운 것과 같은 현상일 것이라는 것이다. 이 견해는 오늘날에도 옳다고 생각된다.

그러나 계속해서 선생님은, 그렇다면 「굳이 인조석과 고무에만 한정시킬 필요는 없을 것」이며, 구두 바닥과 아스팔트 사이에서도 미끄러질 것이라고 해도 되지 않느냐는 의미의 말씀을 하시고, 그것도 마찰현상으로서 미해결의 재미있는 연구 제목이라고 지적하고 있다. 사실은 이 문제는 최근 10년쯤 사이에 크게 진보한 탄성유체윤활(彈性流體潤滑)이라는 윤활의 새 분야—탄성유체마찰이라는 마찰의 새로운 분야라고 해도 된다—의 진보로, 오늘날에는 충분히 설명된 것이다.

그 무렵에는 아직 마찰면을 가압해서 마찰면에 점성유체의 얇은 막이 형성되어 거기에 압력이 발생해도, 그 마찰면은 처음의 형상을 그대로 유지하고 있다는 이론만이 존재했기 때문에 선생님과 같은 의문은 당시의 이해로부터는 당연히 나올 수 있는 것으로 이상한 것은 아니었다. 오늘날에는 이론상 두 면에 유체막을 끼워놓고 가압한 경우, 그곳에 발생하는 압력 때문에 표면은 다소 가운데가 움푹 파인 것처럼 변형되어, 두 면은 중앙부에 유체의 연못을 만드는 형상이 된다고 생각한다. 구두 밑 가죽 밑창 부분은 비교적 단단하여 변형되기 어렵기 때문에, 이 진흙물의 밀폐 작용이 작아 진흙물은 외부로 빠져나가고, 가죽 밑창은 노면과 접촉해서 미끄러지기 어렵게 된다. 또 고무 부분은 변형하기 쉽기 때문에 중앙부에 진흙물의 연못을 만들어 발뒤축이 연못 위에 뜬 것처럼 되어 미끄러지는 것이다. 구두 바닥이 모두 고무로 되어 있는 이른바 고무 구두가 진흙물 위에서 매우 미끄러지기 쉬운 것은 잘 알려진 사실이다.

데라다 선생님이 지적하신 일상의 평범한 사실이, 실은 오늘날 빈번히 뉴스에서 들을 수 있는 비 오는 날의 자동차 사고, 즉 고속으로 달려갈 때 타이어가 노면에서 미끄러져 일어나는 충돌, 전복 등의 원인과 같은 것이다. 자연석보다 인조석의 노면이 잘 미끄러지는 것은, 인조석은 재질이 균일하고 한결같이 판판하게 연마되기 쉽기 때문일 것이다.

데라다 선생님은 구두 바닥의 고무 부분만이 특히 잘 미끄러진다는 것을 지적하여, 오늘날의 탄성유체윤활의 특수한 문제점을 예리하게 감지하셨으나, 이 수필에서는 이 밖에도 물리현상으로서 흥미가 있는 몇 가지 마찰의 문제를 다루고 있다. 그러나 이런 현상에 공통되는 마찰 메커니즘의 물리화학적인 설명은 다음 장으로 미루기로 하자. 그리고 여기서는 좀 더 일상적인 문제를 살펴보기로 하자.

만일 마찰력이 없었다면

「만일 마찰이라는 힘이 존재하지 않았다면」이라는 설문을 하는 사람은 아마 「만유인력이 존재하지 않았다면」이라는 설문 이상으로 결정적, 절대적인 해답을 얻을 것이다.

사람이 걷지 못한다, 책상 위에 놓아둔 것이 미끄러져 떨어지고, 책상이나 테이블이 미끄러진다. 성냥이나 라이터를 쓸 수 없다. 브레이크를 꽉 잡아 정지시켜뒀던 자동차나 열차가 갑자기 달리기 시작한다. 못이나 쐐기가 동시에 빠져나가고 건물이 쓰러져버릴 것이다. 나사로 단단히 죄어두었던 것도 소용이 없다. 나사나 볼트도 마찰을 이용하고 있기 때문이다.

그뿐이 아니다. 무너진 건물이나 가구, 자동차 등 모두가 인간과 함께 작은 경사를 따라 낮은 곳으로 낮은 곳으로 미끄러져서, 낮은 골짜기를 메워버릴 것이다. 그때 높은 산 위에 있으면 안전하리라고 생각하는 것은 안일한 생각이다. 산이 하늘 높이 솟아 위용을 과시할 수 있는 바위나 돌, 모래나 흙 등 사이의 마찰에 의존하고 있기 때문이다. 흙의 마찰은 복잡하여 큰비가 내린 뒤의 흙사태 등은 이른바 점착력(粘着力)이라는 흙의 성질이 물을 다량으로 함유해 저하하기 때문이기도 하지만 이것도 넓은 의미의 마찰이라고 생각해도 큰 잘못은 아닐 것이다.

습기 찬 흙은 귀찮기 때문에, 시험 삼아 모래시계로 실험해보면 좋을 것이다. 위에서부터 조용히 떨어진 바삭바삭한 가는 모래는 귀여운 원추형의 산을 만든다. 이 산기슭의 각도는 대체로 45°이거나 50° 정도인데, 이것은 모래알 하나하나를 조용히 쌓은 것이기 때문에, 두세 번 가볍게 충격을 주면 무너져서 30° 정도에서 안정된다. 모래시계를 옆으로 눕히면 쌓인 모래는 역시 30° 정도의 빗면을 가지고 안정한다.

가까이에 아름다운 후지산(富士山)의 원경을 담은 그림엽서가 있다. 후지산 정상 부근의 빗면은 바위 조각으로 이루어져 있는데, 이 정상 부근의 각도를 그림엽서 위에서 재보면, 정각(頂角)으로 125° 정도이다. 따라서 빗면의 각도는 대충 28° 정도이고, 모래시계의 실험 결과와 그다지 차이가 없다. 이 각도가 무엇으로 정해지는가는 고체 입자 사이 마찰의 문제이다. 모래나 바위의 퇴적이 내부에서 미끄러질 때, 미끄럼면 개개의 모래나 바위는 미끄러지거나 굴러 복잡할 것이다. 그러나 지금 미끄러지는 것이라고 간단히 생각하면, 이 각도가 30° 정도라는 것은 바로 모래나 바위 조각 사이의 마찰각인 것이다. 그렇다고 하면 tan30°=0.577이라는 것이 모래나 바위 사이 마찰계수의 통계적 평균치가 된다. 모래시계의 실험으로부터 후지산의 형태를 마찰의 문제로써 모래나 돌의 퇴적물에 비유하는 것은 명산 후지의 존엄성을 깎아내리는 것 같지만, 돌로 된 산인 이상 후지산이라 한들 대체로 모래시계와 같은 것으로, 그런 점과는 관계없이 뜻밖의 공통 원리가 나타나는 것이 자연과학의 법칙이 지니는 재미이다.

이야기가 좀 옆으로 샌 것 같지만 요컨대 마찰이 없어진다면 큰일이다. 만유인력이 없어진다거나, 지구가 다른 천체와 충돌을 한다는 등의 가정에 못지않은 안성맞춤의 SF 테마가 될 것이다.

마찰계수와 일상 감각

다행히도 마찰이 없어진다는 것은 현실적으로는 생각하지 않아도 될 것이다. 그러나 현실적으로 우리 주변을 둘러싸고 있는 대부분의 고체 마찰계수가, 0도 무한대도 아닌 어느 범위의 값—0.2~0.5 정도—을 가졌다는 사실은 어쨌든 간에 또 무의식중에 우리의 일상 감각이나 일상생활을 이 현실의 마찰계수 크기에 순응하게 하고 있다.

보행 때 구두 바닥과 노면 사이의 마찰계수가 반감되면, 마찰각이 감소되므로 보통 보행 때 그대로의 체중 이동으로는, 스키나 스케이트를 처음 시도하는 사람처럼 넘어질 것이 틀림없다. 또 두 배로 증대되면 육상경기의 스파이크를 처음 신었을 때처럼, 뜻하지 않은 발끝의 접촉으로도 넘어지고 일상의 마찰계수에 순응한 타이밍에 무너져서 역시 넘어지게 될 것이다. 고속도로를 시속 100㎞로 달리는 자동차의 느낌, 시속 200㎞ 신칸센의 쾌적한 승차감 등은, 모두 우리의 일상적인 속도감으로서 익숙해져 있는 것이지만, 이들 타이어와 노면 또는 바퀴와 레일 사이의 마찰계수는 0.3 전후(속도가 증가하면 저하한다)를 기준으로 설계되어 있다. 모두 엔진이나 전동기의 회전력을 타이어나 바퀴의 접촉부 마찰을 통해서 노면이나 레일에 전달하여 그 반발력에 의해 달려가는 것이기 때문에, 마찰계수가 반감이라도 한다면 아무리 큰 동력을 실어도 마치 수렁에 빠진 타이어가 헛돌듯이 미끄러지기만 할 뿐 생각처럼 차를 구동시킬 수가 없다. 슬립의 위험도 있어 우선 속도를 반감해야 할 것이다.

사다리 등은 일상생활의 평범한 도구이나, 이것도 벽이나 지붕에 세우는 데는 45° 정도의 완만한 경사로 하면 갑자기 직감적으로, 다리가 미끄러질 것 같다고 생각할 것이 틀림없다. 또 보통 주택의 지붕 경사는 물론 마찰각보다도 충분히 작게 되어 있다. 보통 경사의 지붕에 올라가 있는 목수나 지붕에 둔 도구가 미끄러워 떨어질 위험을 느끼는 사람은 아마 없을 것이다. 안전한 마찰각이 일상감각적인 것으로 되어 있기 때문이다.

사다리를 세우는 방법

사다리는 세우는 방법에 따라 다리가 바닥과의 사이에서 미끄러져 쓰러질 위험이 있다. 사다리는 느슨한 각도로 세우면 다리가 미끄러져 쓰러질 위험이 있기 때문에, 되도록 가파른 각도로 세워야 한다는 것은 누구

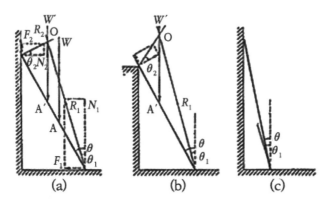

(a), (b)의 경우는 $\theta > \theta_1$으로 A´점까지밖에 올라가지 못한다. (c)의 경우는 $\theta \leq$ θ_1로 정상까지 올라가도 좋다

그림 3-1 | 사다리를 기대 세우는 법

라도 알고 있다. 그러나 지금 새삼스럽게 느슨한 각도로 세워 놓은 사다리에 오르면 한 단째, 두 단째에서 미끄러져서 쓰러질지 어떨지, 즉 다리가 바닥과의 사이에서 미끄러지는 것은 올라가는 사람의 위치와 관계가 있는지 어떤지, 또 무거운 사람이 올라가서 미끄러지는 사다리도 가벼운 사람이 올라가면 미끄러지지 않을지 어떨지라는 질문을 하면 바로 대답할 수 있는 사람은 많지 않을 것이다.

〈그림 3-1〉의 (a)를 보자. 사다리가 수직 방향에 대한 θ로 세워져 있다. 사람이 사다리에 몇 단째인 A점까지 올라가면 바닥과 벽 사이에는 접촉면에 수직인 반력 N_1, N_2 미끄럼에 저항하는 마찰력 F_1, F_2가 각각 작용한다. 사다리는 이 4개의 힘과 사람의 무게(사다리의 무게는 생각하지 않는다)

로써 정역학적으로 평형을 이루기 때문에 만약 여러분이 고등학생이라면 힘의 평형대수방정식을 세워 엄밀히 대답을 구해보는 것도 재미있을 것이다. 하지만 여러분은 대부분 이미 이해를 하는 마찰면의 개념을 이용해서 설명하는 편이 알기 쉬우리라 생각한다.

즉 고체면 위에서 정지해 있는 물체에 외력이 작용해도 그 물체의 무게와의 합력이 마찰각보다 작은 각도로 작용하는 한 외력의 크기에는 관계없이 물체는 정지를 계속한다는 것을 이미 알고 있다. 이 마찰각을 사다리의 상단과 하단에서 θ_2, θ_1로 하면, 마찰각의 방향으로 그은 직선의 교점 O의 위치에 사람이 올라갔을 때, 꼭 그 양단의 각각 마찰각의 방향으로부터 힘이 작용한다는 것을 힘의 분해 법칙으로부터 알 수 있다. 즉 A′점이 사람이 올라갈 수 있는 한도이고, 그 이상 높게 올라가면 사다리의 양 단에 작용하는 분력은 마찰각보다 큰 각도로 작용하게 되어 미끄러지며, A′점보다 낮은 곳, 예를 들면 A점에서는 마찰값보다 작은 각도로써 분력이 작용하기 때문에 미끄러지지 않는 것이다. (b)와 같이 세우면 상단의 마찰각 방향이 바뀌기 때문에, A′점의 위치가 바뀐다. 사다리를 세우는 각도 θ가 작아지면 A′점은 차츰 높아지고, (c)와 같이 θ가 마찰각 θ_1과 같아지거나 보다 작아지면 절대로 미끄러지지 않게 된다. 마찰각은 이미 〈그림 2-1〉 관련 설명에서 봤듯이 접촉부 수직력 크기에는 관계없이 마찰계수만으로 결정되기 때문에 물론 사다리에 올라가는 사람의 무게와는 관계가 없는 것이다.

현수형 갈고리의 원리

사다리보다 약간 교묘한 장치로 마찰을 잘 이용한 도구에 현수형 갈고리가 있다. 도시에서도 다실 등의 풍치를 위해 산뜻한 모양의 현수형 갈고리가 사용되는 일도 있는데, 지금은 필자의 아버님의 고향인 시골에서는 훌륭한 실용품으로 사용되고 있다.

〈그림 3-2〉는 아버님 고향인 시골의 구가(舊家) Q 씨의 집에서 60~70년 전부터 사용하고 있는 현수형 갈고리의 스케치로 꽤 훌륭한 것이다. 대나무 통의 마디를 뽑아내고 상부에는 그림과 같이 단순한 나무 비녀를 꽂고, 그것을 튼튼한 밧줄로 서까래나 대들보에 매단다. 쇠막대의 하단 C에 냄비나 주전자를 매달아 아래서부터 불을 지피는데 현수형 갈고리의 역학적인 묘미는 그 링크의 메커니즘 A, B에 있다. 주전자를 올리는 데는 C를 올리면 D가 미끄러져서 거기에 고정되고, 내리는 데는 D를 들어 올려 C를 내린 다음 D를 놓아주면 그곳에 고정된다. 이 Q 씨 집에서는 A에 놋쇠로 만든 작은 망치를 이용했고, B에는 일가 번영의 심벌로 부채를 본뜬 링크가 사용되고 있다.

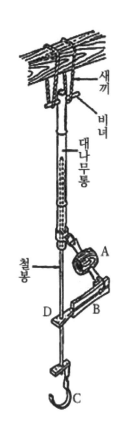

그림 3-2 |
현수형 갈고리의 예

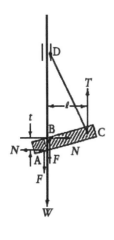

그림 3-3 |
현수형 갈고리의 원리(1)

이 A, B의 양 링크에는 나름대로 좋아하는 것을 본뜬 것을 사용하지만 역학적으로는 단순한 링크 메커니즘에 불과하고 특히 B가 중요한 역할을 하고 있다.

그 원리의 근본 구조는 〈그림 3-3〉에 보인 것과 같다. W에 주전자를 걸고 그것이 미끄러져 내리지 않게 하면, 대충 보아서 앞에서 말한 부채 부분의 링크에 작용하는 주요한 힘은 쇠막대와 접촉하는 A, B 두 점에 작용하는 수직력 N과 마찰력 F, 그리고 C점에서 주전자를 매다는 힘 T 등 다섯 가지로, 이것들이 평형을 이루지 않으면 안 된다. 즉 상하 방향 힘의 평형으로부터

T = 2F = W

또 A점 주위 힘의 모멘트의 평형으로부터

T ℓ = Nt

이 두 식으로부터 A, B부가 미끄러지지 않기 위해 필요한 마찰계수 μ_2는

$$\mu_2 = \frac{F}{N} = \frac{t}{2\,\ell} \quad \cdots\cdots\cdots \langle\text{수식 3-1}\rangle$$

인 것을 알 수 있다. Q 씨 집의 것은 t가 약 1㎝, ℓ이 약 25㎝이므로 μ_s=1/(2×25)=0.02로 되며, 실제의 쇠막대와 놋쇠 사이의 마찰계수는 0.2 이상이 될 것이므로 Q 씨 집의 현수형 갈고리는 10배 이상의 안전성을

갖게 된다. 또 사다리의 경우와 마찬가지로 이 원리는 갈고리에 거는 주전자의 무게에는 관계가 없고, 부채 부분의 치수(거의 부채의 길이와 자루의 두께)로 필요한 최소 마찰계수를 결정하는 것이 특색이다.

위에서 말한 현수형 갈고리는 간단한 링크 메커니즘과 쿨롱의 법칙을 응용한 것이나, 이 밖에 구조적으로는 더 간단하고 원리는 오일러의 벨트 이론을 이용한 현수형 갈고리도 있다. 앞에 있는 것과 같이 장식적, 메커니즘적인 위엄성은 없으나 원리는 다소 위엄이 있다.

오일러의 벨트의 이론

오일러의 벨트의 이론에 대해서는 앞 징에서도 조금 언급했으나, 이 기회에 그 원리를 설명해두기로 한다. 이 원리는 마찰현상에 관해, 앞 장에서 언급한 서부극의 세계뿐 아니라, 뒤에서 말하는 것과 같은 신변의 뜻밖의 세계에서도 나타난다.

오일러의 원리는 둥근 물체에 감긴 로프나 벨트의 한끝을 가벼운 힘으로 잡아당기고 있을 때 다른 끝을 잡아당겨서 로프나 벨트를 미끄러지게 하려면 대단히 큰 힘이 필요하다는 원리이다. 앞의 서부극의 말고삐 끝을 통나무에 둘둘 말아 붙이기만 해도 풀리지 않는 것도 그러하고, 부두의 캡스턴에 로프를 두세 번 감아서 그 한끝을 한 사람이 가볍게 잡아당기고 있기만 해도 큰 배를 묶어둘 수 있는 것도 같은 원리이다.

〈그림 3-4〉는 고정된 원통(기계의 풀리 등)에 벨트나 로프를 중심각 θ 만큼 감은 상태로, 그 한끝을 T_0의 힘으로 잡아당기고 있을 때, 다른 끝을

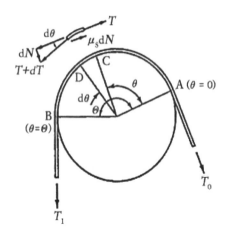

그림 3-4 | 벨트의 원리

벨트가 미끄러지기까지 잡아당기면 그때의 힘 T_1은 얼마만 한 크기가 되느냐 하는 문제이다.

지금 벨트가 걸리기 시작하는 A점으로부터 임의의 각도 θ만큼 떨어져 있는 C점에, 아주 작은 중심각도 $d\theta$에 대응하는 벨트의 작은 부분 CD를 생각하고, 이 부분의 힘의 평형을 생각한다. 이 부분의 우단에서 오른쪽으로 잡아당기는 힘을 T라고 하면, 좌단에서 왼쪽으로 잡아당기는 힘은 T보다 이 부분에 작용하는 마찰력 dT만큼 큰 힘 T+dT가 된다. 이 마찰력은 C, D 두 점이 잡아당기는 힘이 $d\theta$만큼 방향이 기울기 때문에 발생하는 벨트 부분의 CD가 내리누르는 힘 dN에 의한 것이므로, 그 크기는 마찰계수를 μ_s로 하면 $\mu_s dN$이 될 것이다. 그러므로 아래와 같다.

$dT = \mu_s dN$

한편 그림의 힘의 분해도로부터 알 수 있듯이, $d\theta$가 매우 작은 각도이므로 제일 근사로서

$$dN = Td\theta$$

가 된다. 위의 두 식으로부터 dN을 소거해서

$$\frac{dT}{T} = \mu_s d\theta$$

로 되고, $\theta=0$인 점에서 $T=T_0$로 놓으면 초등적분에 의해 벨트 임의의 점의 힘 T는

$$T = T_0 e^{\mu_s \theta} \quad \cdots\cdots \langle \text{수식 3-2} \rangle$$

따라서 $\theta=\Theta$로 놓으면 벨트를 미끄러지게 하는 데 필요한 힘 T_1이 다음 식과 같이 구해진다.

$$T_1 = T_0 e^{\mu_s \theta} \quad \cdots\cdots \langle \text{수식 3-3} \rangle$$

또는 바꿔 써서 T_1과 T_0의 비는

$$\frac{T_0}{T_1} = e^{\mu_s \theta} \quad \cdots\cdots \langle \text{수식 3-3}' \rangle$$

이 식에서 e는 2.72라는 상수이며, μ_s는 벨트와 감은 원통면 사이 정지마찰계수로, 보통 0.3이나 0.4의 값, Θ는 감아 붙인 각도를 도(度)가 아니라 라디안(호도(弧度) : 180° = 3.14 radian)으로 표시한 숫자이다.

이 힘의 비는 e의 몇 승(乘)이라는 형태로 결정되므로 감긴 횟수가 증가하면 급격히 엄청난 값으로 변화하며 로프 등을 서너 번만 감아도, 로프가 끊어질 때까지 잡아당겨도 미끄러지지 않을 정도의 값이 된다. 〈표

표 3-1 | $e^{\mu_s\theta}$ 의 표

μ_s 감이수 $(\theta/2\pi)$	0.1	0.2	0.3	0.4	0.5
0.3	1.21	1.45	1.76	2.13	2.57
0.5	1.37	1.87	2.57	3.51	4.81
1	1.87	3.51	6.59	12.4	23.1
2	3.51	12.4	43.4	152	535
3	6.59	43.4	286	1,882	12,391
4	12.4	152	1,882	23,227	286,744

3-1〉은 이 비율을 보인 것인데 μ_s=0.3 정도로 네 번만 감으면 1kg의 힘으로 놀랍게도 2t 가까운 힘을 비틀어 뗄 수 있는 것을 알 수 있다.

그런데 이 원리를 사용한 현수형 갈고리는 〈그림 3-5〉와 같은 로프 한 가닥과 판자 한 장의 레버로 되어 있는 아주 간단한 것으로, 아이누의 발명이라고 말하고 있다. 이것도 일본의 도호쿠, 호쿠리쿠 지방에서는 지금도 널리 사용되고 있다. 이 원리의 정점은 대들보에 건 로프가 두 가닥이 되기 때문에 그 한 가닥에 걸리는 무게는 주전자 등의 무게 W의 절반이 된다는 점이다. 따라서 로프 중간의 B점에서 직각에 가깝게 두 번을 구부려 B점의 아래와 위의 인장력(引張力)의 비를 2배 이상으로 하는 것은 〈표 3-1〉로부터 알 수 있듯이 아주 쉽다. 즉 이 경우는 감는 횟수가 0.5이므로 μ_s=0.3이고, 그 비는 2.57이 된다. 이 현수형 갈고리의 원리는 로프를 구부리는 중심각을 크게 하는 것뿐이므로 레버는 얇아도 되고, 레버의

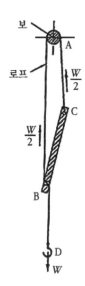

그림 3-5 | 현수형 갈고리의 원리(2)

구멍 방향을 급각도로 하면 인장력의 비를 훨씬 크게 할 수도 있다. 간단하고 가벼우므로 등산 때라든가 야외에서의 취사용으로 휴대하면 편리할 것이다.

섬유의 마찰계수와 실의 강도

오일러의 원리는 일상생활 여러 곳에 끼어들어 있다. 상처에 감은 붕대 끝을 일부러 매기보다는, 작은 걸쇠로 가볍게 잡아당겨 두는 것이 오히려 잘 풀리지 않는 것은 흔히 경험하는 일이다. 천으로 된 허리띠 같은 것도, 끝을 띠 밑에 끼워 넣기만 해도 잘 풀리지 않을 것이다. 이것들은 모두 오일러의 원리로써 설명할 수 있다. 그러나 다음에는 주변에서 많은 사람이 모르고 있는 것으로 생각되는 것에 대해 설명하겠다. 그것은 가느 다란 실에 관한 이야기이다. 또 그 실의 원료인 섬유나, 그것들로 짜인 직 물의 이야기이다.

직물이나 옷감의 마찰이 그것을 옷이나 양복으로 만들어 착용했을 때 의 기분에 미묘하게 영향을 주는 것은 이미 경험했을 것이다. 또 부인복 의 비단이 스치는 부드러운 소리, 씨름을 관전할 때 모래를 밟는 마찰음 등은 상쾌한 맛이 있다.

표 3-2 | 각종 섬유의 마찰계수

섬유의 재질		마찰계수	섬유의 지름(미크론)
나일론 나일론	가는 것	0.14	18
	거친 것	0.23	62
비단		0.26	-
레이온 레이온	비스코스	0.19	30
	아세테이트	0.29	41
무명		0.29	-
유리		0.13	5
양모 양모	μ_1	0.20	-
	μ_2	0.49	18

모두 같은 섬유끼리의 마찰에 의한다. μ_1, μ_2는 전자는 섬유를 순서대로, 후자는 반대로 한 마찰

이 옷감의 마찰 크기는 어느 것이 더 바람직하다고 말할 수는 없다. 각각의 용도에 따라 적당히 선택되어야 할 것이다. 예를 들면 의자나 자동차 좌석의 천이, 입고 있는 양복천과 미끄러지기 쉬우면 안정도 안 되고 피로하기 쉽다. 일반적으로 의자의 외장용으로 쓰이는 가죽이나 합성섬유는 내구성은 높으나 미끄러지기 쉬워 안정감이 없다. 고급 의자용으로 여전히 양복천과의 사이에서 상당히 마찰이 크고, 두꺼운 보풀이 일어나는 재질이 애용되는 것도 하나의 이유이다. 블라우스, 셔츠 등도 그 내면이 내의와의 사이에서 미끄러지기 쉬우면 유쾌하지 못하며, 장갑의 재질도 손으로 잡을 때 미끄러지기 쉬운 것은 무의식중에 손을 쥐는 힘이 들어가기 때문에 피로하나. 최근에는 그다지 사용되지 않지만, 어깨에 걸치는 멜빵이 와이셔츠 위에서 미끄러지거나 바지가 흘러내려 곤란했던 경험을 한 사람도 적지 않을 것이다.

마찰이 적은 재질을 특별히 선택하는 경우도 있다. 양복 상의의 안감 등이 좋은 예이며, 부인용 스타킹은 스커트와의 사이에서 가볍게 미끄러져 내리지 않으면 곤란하다. 나일론이나 실크 스타킹이 애용되는 중요한 이유의 하나로, 사실 이들 재질은 마찰이 낮다.

〈표 3-2〉에 대표적인 섬유의 마찰계수 값을 보여두었다. 직물로 짠 후의 마찰계수는 값이 구구하여 일정하게 정하기 어려우므로, 여기서는 섬유 한 가닥끼리의 마찰을 나타냈으나, 옷감도 이 기본적인 재질의 성질은 변하지 않는다고 보아도 좋다. 양털값이 마찰 방향에 따라 다른 것은 재미있는 일이다. 일반적으로 동물의 털은 모두 이러한 방향성을 갖고 있

다. 이것에 대해서는 뒤에서 설명하기로 한다.

옷감은 한 올 한 올의 실이나 섬유로 이루어져 있는데, 이 옷감이 하나의 형태를 이루어서 풀리지 않는 이유는 도대체 무엇일까? 사실 그것은 마찰에 있는 것이다. 그 증거로는 예를 들어 합성섬유 초기의 것은 실과 실 사이가 미끄러지기 쉬워 옷매무새가 흐트러지고, 재단한 옷감에서는 잘라낸 부분으로부터 섬유가 풀리곤 했다. 지금도 합성섬유의 로프 등은 끝을 불로 태워 굳히지 않으면 바로 풀려 버린다.

이번에는 실 자체에 눈을 돌려보자. 왜 섬유를 꼬아서 실로 만드는 것일까? 최근 합성섬유의 옷감에는 긴 섬유실을 사용한 것도 있으나 그것들은 특수 목적, 예를 들면 무진복(無塵服)—착용 중에 섬유먼지가 떨어지지 않기 때문에 우주용, 외과 의료용, 기타 정밀 위생작업원의 피복용으로 쓰임—또는 강도가 특히 필요한 용도 등에 한정된다. 그리고 일상적으로 몸에 지니는 옷감으로는 통기성, 착용감, 굽힘성, 주름 방지, 외관, 옷매무새의 흩트림 방지 등으로부터, 적당한 길이의 섬유를 꼰 실로 짠 것이, 인간의 생활사(生活史)에서 오래 애용되어 왔다. 그것에는 과학적인 근거도 충분히 있었다.

그런데 이 일정한 길이의 섬유를 두 가닥이나 여러 가닥을 꼬았을 뿐인 실이, 잡아당겼을 때 어떻게 해서 그만큼 강도를 갖게 되는 것일까? 그 섬유는 연결한 것도 풀로 붙인 것도 아니다. 볏짚을 꼬아서 만든 새끼도 마찬가지이다.

이것도 마찰이다. 실은 섬유와 섬유, 새끼는 볏짚 하나하나 사이의 마

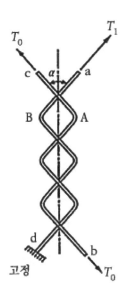

그림 3-6 | 실의 구조

찰로써 결합한 것이다. 그러면 왜 그러한 강한 마찰 결합이 가능한 것일까? 그것은 벨트나 로프의 원리, 즉 오일러의 원리에 의한 것이다. 오일러는 벨트나 로프가 기계공업의 융성과 더불어 널리 이용되기 시작했던 18세기의 현실적 환경에서 이 원리를 끌어냈다. 그러나 오일러의 벨트 원리 자체는 수천수만 년 전 옛날에 인간의 지혜가 천연섬유를 꼬아 실로 만드는 방법을 발명한 이래 긴 세월 동안 인류의 의복 속에 살고 있었다.

그렇다면 실 속 섬유의 관계를 생각해보자. 〈그림 3-6〉은 A, B 두 가닥의 섬유를 한 바퀴 반을 꼰 것을 과장해서 그린 것이다. 예를 들면 섬유 A의 하단 d를 고정하고 그 상단 c를 힘 T_0로 잡아당겨 두고 섬유 B의 하단 b를 T_0로 잡아당겨 둔 채로(예를 들어 무게 T_0의 추를 드리우는 등) 섬유 B 가 섬유 A와의 사이에서 미끄러져 나가기까지 B의 상단 a를 잡아당겼다. 그때의 힘 T_1은 확실히 〈그림 3-4〉의 벨트 T_1과 똑같은 성질의 것이다. 다만 조금 다른 것은 섬유가 서로 각도 α로 나선 모양으로 감겨 있을 뿐 이다. 이 경우, 섬유는 겉보기로는 한 번 감겼어도, 각도 α로 감겨 붙어 감 기는 반지름이 커지기 때문에 보정(補正)해서 오일러의 〈수식 3-3〉을 고쳐 쓰면 보통의 α는 작기 때문에

$\qquad$ $T_1 = T_0 e^{\mu_s \pi n \alpha}$ $\cdots\cdots\cdots$ 〈수식 3-4〉

를 얻는다. 이 식 중 n은 섬유가 감기는 수다. 감기는 수가 증가하면, 즉 일정한 길이의 섬유의 꼬임이 강해지면 섬유는 잘려도 거의 빠져나가지 못할 정도로 T_1이 커지는 것을 알 수 있다. 실이란, 섬유가 이렇게 오일러 의 원리에 의해 서로 감고 감겨, 무제한으로 이어지는 마찰의 사슬이었던 것이다.

실제 실은 〈그림 3-6〉과 같이 한 가닥의 섬유를 꼰 것보다, 여러 개로 꼰 것이 많다. 따라서 마찰의 사슬은 충분히 강하다. 시험 삼아 주변의 꼬 인 무명실을 다시 풀어보면 알 수 있다. 마지막에는 섬유가 쑥 빠져나가 고 낱낱의 가느다란 섬유로 분해된다.

표 3-3 | 실의 강도 실험치

실험번호	I	II	III	IV
실의 상태	보통의 상태	꼬임을 30회 강하게 한 상태	꼬임을 30회 되돌린 상태	꼬임을 보통으로 적신 상태
실험치 (kg)	1.6	1.7	1.4	1.8
	1.5	1.9	1.5	1.7
	1.5	1.8	1.5	1.7
	1.6	1.8	1.4	1.7
	1.6	1.7	1.5	1.7
평균치 (kg)	1.56	1.78	1.46	1.72

여기서 다시 마찰 교실로 들어가서 실의 강도 실험을 해보자. 〈수식 3-4〉에 의하면 감는 수 n과 마찰계수가 증가하면 실의 강도가 증가할 것이다. 가까이에 있는 검은 무명실을 약 30㎝ 정도로 잘라 용수철저울 끝에 둘로 접어서 걸고 살며시 잡아당긴다. 실은 어느 힘에서 잘린다. 그 힘을 비교하는 것인데, 실험 I, II, III, IV는 차례로 보통 상태의 실 30㎝, 30번을 꼬아 강하게 한 상태, 같은 꼬임을 30번을 푼 상태, 그리고 마지막은 보통으로 꼰 것인데 젖은 타월로 실을 조금 축인 상태의 것이다. 실험 결과를 〈표 3-3〉에 정리했다. 실의 강도는 한 가닥 값으로 고친 것이다. 실험치의 경향은 〈수식 3-4〉에 잘 들어맞으며, 적시면 섬유 사이의 마찰 계수가 증가하기 때문에 강해진다. 이것은 새끼를 물에 적시면 강해지는 이유이기도 하다.

양모의 마찰의 이방성

따뜻하면서도 가볍고 착용감도 좋고, 보기도 좋다는 점에서 겨울 의류는 양모가 제일이다. 그러나 이 양모는 세탁할 때마다 줄어들어 두세 겨울을 착용하면 어른의 스웨터가 아이들 것이 되고 또 2~3년이 지나면 아기 옷처럼 되어버린다는 결점이 있다. 하지만 이 결점을 역으로 이용하면 펠트(felt)나 모자로 만드는 장점도 되기 때문에 결점이라고만 비난하는 것은 정당하지 않을지도 모른다.

그런데 이 「줄어든다」는 성질은 왜 그럴까? 이것도 역시 마찰이며, 더구나 마찰의 이방성(異方性)이라는 재미있는 성질에 의한 것이다.

〈표 3-2〉에 양모의 마찰계수가 μ_1, μ_2의 두 가지 값으로 나타나 있고, 값이 작은 쪽의 μ_1은 바른 결이며, μ_2는 역결이라는 것을 표에 주석으로 달아놓았다. 그런데 양모의 바른 결이나 역결이라는 것은 무엇일까? 실은 동물의 털, 특히 양모의 한 가닥을 전자현미경으로 자세히 관찰하면 표면이 비늘 모양의 지그재그로 되어 있고, 그 한 조각은 한쪽 경사가 완만하고 반대 방향은 경사가 크게 되어 있다. 이 때문에 양모를 그 끝에서부터 뿌리로 향해 마찰하면 작은 마찰계수 μ_1이 나오고 뿌리 쪽에서부터 역으로 마찰하면 래칫(ratchet)에 걸린 것처럼 되어 큰 마찰계수 μ_2가 도출되는 것이다. 양모의 마찰에 이방성이 있다는 것은 잘 알려져 있으나, 그 이유는 아직 충분히 밝혀졌다고는 말할 수 없다. 따라서 위에서 말한 설명은 「래칫의 이론」이라 하여 가장 간단하고 지금도 제일 신용되는 견해이다.

실은 양모의 마찰의 이방성이, 양모로 아름다운 펠트 모자를 만드는 자연의 원리로 되어 있다. 즉 양모 덩어리로 비비면(특히 물속에서 압축하는 것이 펠트화를 돕는다), 섬유 속 μ_1의 방향으로 압축된 것은 내부로 침입하기 쉽고, 더구나 한 번 침입하면 비비는 것을 중지했을 때, 탄성 회복으로 원위치나 원형으로 되돌아가려 하지만 그때 전보다 큰 마찰계수 μ_2에 대응한 마찰력을 이겨내야 하므로 충분하게 되돌아가지 못한다. 비벼질 때 μ_2의 방향으로 압축된 양모는 내부로 잘 침입하지 않기 때문에 거의 원래 위치로 되돌아가고, 그 때문에 펠트화에는 그다지 도움이 안 된다. 이렇게 반복해서 비비면, 압축할 때마다 양모는 내부로 내부로 침입해 드디어 전체가 펠트 모양으로 굳어지는 것이다.

양모를 세탁할 때는 비비시 않고 가볍게 쥐거나 누르는 깃이 좋다고 말하지만, 이것은 도무지 이치에 맞지 않다. 다만 천천히 신중히 다루기 때문에 난폭하게 반복해서 비비는 것보다 압축 횟수가 적다는 데 불과한 것 같다. 세탁에서 기계적 효과는 단순히 섬유 사이에 마찰을 반복한다는 것이기 때문에, 그렇다면 압축에 의하지 않고 잡아당겨 마찰을 주는 편이 이치에 맞는 것이다. 모직물의 세탁은 둘레를 잡고 잡아당겼다 놓았다 하여 그 늘었다 줄었다 하는 마찰을 이용하는 것이 좋다. 그렇게 하면 커질 망정 작아지는 일은 없을 것이다.

합성섬유는 한결같아 마찰의 이방성이 없기 때문에 그대로는 펠트가 되지 않는다. 양모에 있어서 이 유해한 「수축」을 제거하는 것은 중요한 과제로, 예를 들면 일종의 수지가공(樹脂加工)에 의해 양모 한 가닥 한 가닥의 비늘 모양을 한 톱니 상태를 없애든가, 천으로 완성한 후 각 양모의 접촉부가 주물러도 미끄러지지 않도록 수지가공으로 부착, 결합해버리는 방법이 있다. 하지만 앞의 것은 효과가 불충분하고, 뒤의 것은 천을 딱딱하게 하는 결점이 있는 것 같다. 그러나 적어도 모든 기술은 섬유의 마찰이나 래칫이론에 입각해서 진보해온 것이다.

2. 어린이들의 놀이 속의 마찰현상

뇌관의 발화 메커니즘

어른들의 세계를 떠나 어린이들의 세계로 들어가 보자. 어린이들은 활동적이고 특히 모험이나 장난을 좋아한다. 어른들 몰래 불놀이나 화약 놀이를 하고, 때로는 큰 실수를 저질러 어른들을 곤란하게도 한다. 성냥은 마찰열을 이용한 발화법으로 고대인들은 나무의 특수한 마찰법으로 불을 만들었다. 근대 과학문명에서도 불을 만드는 원리는 태곳적과 조금도 변함이 없다. 이것은 마찰이 국부적으로 열을 발생시켜 높은 온도를 얻는 데에 가장 간단한 좋은 원리이기 때문이다. 고대인은 타기 쉬운 재질로 마른 목재(발화점은 300℃ 전후)를 이용할 수밖에 없었기 때문에, 불을 만드는 것은 쉬운 일이 아니었다. 그러나 오늘날 우리가 매일 쓰는 안전성냥의 상자에 바른 발화제의 주성분인 붉은인(赤燐)은 발화점이 섭씨 260℃, 성냥개비 선단에 바른 약은 염소산칼륨을 주성분으로 한 산화제로서 마찰을 크게 해서 마찰열이 충분히 발생하고, 높은 열점(熱点)이나 마찰면 온도를 낼 수 있게 유리 가루 등이 혼입해 있다. 마찰열에 의해 붉은인의 작은 불이 일고, 그것이 성냥개비 끝의 약에 옮겨붙어 불을 만드는 것이다. 노란인(黃燐)성냥은 노란인의 발화점이 60℃ 정도이므로 서부극에서 보는 것과 같이 구두굽이나 탁자 위에 가볍게 문지른 정도의 열로 간단히 발화하지만 이것은 위험이 많기 때문에 지금은 거의 사용하지 않는다.

어린이가 좋아하는 완구에는 뇌관을 사용한 것이 적지 않다. 어두운 곳에서는 불도 보이고 무엇보다도 큰 파열음이 즐거운 것이다. 필자의 어린 시절에는 지름 15㎜ 정도, 길이 20㎜ 정도의 작은 럭비공을 둘로 쪼갠 것과 같은 형태의 쇳덩어리 사이에 뇌관을 넣고 끈으로 묶어서 하늘을 향해 던지면, 그것이 지상에 낙하할 때 충격으로 뇌관이 꽝 하고 파열하는 장난감이 있었다. 그 소리를 즐기는 놀이가 어린이들 사이에 유행했다. 진짜 총알이나 포탄의 발화용 뇌관도 이것과 똑같은 원리인데, 이 뇌관의 발화 메커니즘은 어떻게 되어 있을까?

이것도 마찰일 것이라고 속단해서는 곤란하다. 화약의 성분이 고체의 입자이므로 충격에 의해 그 입자가 순간적으로 강한 마찰을 받는데, 그 때문에 발화점 이상의 국부적인 열점이 생겨서 그것이 전체로 퍼지는 것이 아닌가라는 생각은 어쩌면 가장 순리적인 착상이며, 사실 충격 때의 마찰로 발화하는 것도 없지는 않다. 그러나 일반적으로 화약의 발화 원인은 마찰열이 아니다. 마찰과 관계없는 이야기를 일부러 여기에 쓰게 된 동기는 필자 주변의 과학자에게 이따금 이 뇌관의 원리를 질문했을 때, 거의 모든 사람이 마찰열일 것이라고 대답했다는 점에서 이것도 역시 「마찰 이야기」의 하나라고 생각했기 때문이다.

바우덴 교수의 학설

이 문제에 말끔하게 해답을 준 사람은 케임브리지대학의 바우덴(F. P. Bowden) 교수이다. 교수는 이미 고인이 되었으나 영국의 마찰이론, 아니 보다 넓게 현대 마찰이론의 체계화에 매우 큰 공헌을 한 사람이다. 이 문제에 대해 교수는 여러 가지 각도로 실험을 하여, 짐승을 쫓는 사냥꾼처럼 여러 방면으로부터 결론을 추궁했는데 아래에 그 실험 하나를 소개하겠다.

먼저 보통의 흑색화약(초석, 황, 숯가루의 혼합물)은 성분이 세 종류로 발화 과정이 복잡하기 때문에 성분이 균일한 폭약 PETN(펜타에리트리톨 데트라니트레이트, 녹는점은 141℃, 발화점 215℃)으로 실험을 했다.

첫 번째 실험에서는 이 폭약 가루의 일정량을 모루(鐵床)에 얇게 깔고, 위에서 일정한 무게의 해머를 떨어뜨려 그 충격으로 발화시켰는데, 그때 한쪽의 실험에서는 폭약을 일정한 두께로 면 전체에 깔고, 다른 실험에서는 폭약을 고리 모양으로 깔아(중앙에는 깔지 않음) 양자의 발화에 필요한 해머의 낙하점 높이를 비교했다. 결과는 고리 모양으로 깐 쪽이 전체에 깐

표 3-4 | 마찰 및 충격에 의한 폭약의 발화

혼입된 고체 입자	녹는점 (℃)	마찰에 의한 발화의 효율(%)	충격에 의한 발화의 효율(%)
없음 (PETN 단체)	141	0	2
질산은	212	0	2
질산칼륨	334	0	0
은 염	434	50	6
염화아연	501	60	27
붕사	560	100	30
유리	800	100	100
방연광	1114	100	60

쪽의 약 2분의 1 높이에서 발화했다. 이것은 분말 사이의 마찰조건이 양 자에서 변함이 없기 때문에 마찰로는 설명하기 어렵다.

두 번째 실험에서는 마찬가지로 PETN 가루를 강철로 된 바닥 위에 얇게 깔고, 한쪽 실험에서는 그 위를 마찰하여 성냥처럼 마찰 발화를 시 키고, 다른 쪽 실험에서는 먼저와 같이 일정 높이에서 해머를 떨어뜨려 발화시켜보았다. 이때 폭약으로 그 폭약 단체(單體) 외에 녹는점이 다른 지 름 0.1㎜ 정도의 고체 입자를 약간 혼입한 것을 사용해서 양자의 발화 효 율(몇 번을 시험해서 그중 몇 번 발화했는가의 비율)을 비교했다. 그 결과는 〈표 3-4〉에 보인 것과 같으며, 고체 입자를 약간 혼입함으로써 폭약은 마찰에 의해서도 충격에 의해서도 발화하기 쉬워지는 것이다. 더구나 주목할 것 은, 어떤 고체 입자이든 경도는 거의 같지만(유리는 약간 강함) 입자의 녹는 점은 400℃ 전후를 경계로 해서 그보다 높은 입자에서는 매우 발화하기 쉽고 그 이하에서는 거의 발화하지 않는다는 점이다.

이들의 실험 결과는 어떻게 해석하면 좋을까? 바우덴 교수는 충격에 의한 발화의 주원인은 대체로 폭약에 포함된 공기(기체라면 무엇이든 좋다) 가 충격 시 가루 사이에 밀폐되어 단열, 압축되고 온도가 올라가 발화열 점을 만들기 때문이라고 했다. 첫 번째 실험은 이것으로 설명이 되지만, 두 번째 실험인 고체 입자를 포함하는 경우는 그 입자액의 온도가 올라가 강력한 열점으로 되기 때문에 발화하기 쉬워진다고 했다. 따라서 발화에 필요한 어느 온도(PETN에서는 430℃)보다 혼입한 고체 입자의 녹는점이 낮 으면, 마찰에 의하건 단열압축에 의하건 간에 430℃ 이상의 열점을 만들

수가 없어 녹아버리기 때문에 그 혼입 효과가 나타나지 않았다고 설명했다. 마찰 발화에서도 공기의 단열압축에 의한 발화에서도 고체 입자는 열점을 형성하는 데 있어 결국은 같은 역할을 하고 있었다는 것이 된다.

지금 말한 단열압축이란 압축 작업이 모두 열에너지로 바뀌어 기체의 온도 상승에 사용된다는 것인데, 폭약에 충격을 가했을 때 이 압축의 비율은 20배 이상 되는 것으로 생각되며, 공기의 온도는 이론상 450℃ 이상으로 올라가는 것이다. 내연기관의 일종인 디젤기관은 이 단열압축의 원리를 이용한 것으로 실린더 내 공기의 체적을 12분의 1이나 18분의 1까지 단열적으로 압축시켜 섭씨 수백 도로 상승한 공기 속에 연료를 분사해 연소시킨다는 것은 많은 사람이 알고 있으리라 생각한다.

딱총의 훌륭한 메커니즘

누가 발명한 것인지, 정지마찰이 운동마찰보다 크다는 쿨롱의 제3법칙을 이토록 훌륭하고 재치 있게 이용해서 증명한 것으로는 이것뿐일 거라 생각되는 소박한 장난감이 있다. 필자는 1장에서 쿨롱의 세 가지 법칙을 증명하려 했을 때, 제3법칙의 증명으로서 이 실험을 시도해볼까 생각했었다. 어린이가 놀이 중에 마찰현상을 찾아 여기까지 왔으므로 이제 그 이야기를 할까 한다.

그것은 딱총이다. 지금의 도시 어린이들은 유감스럽게도 이러한 소박한 놀이에는 만족하지 않는 것처럼 보이지만, 시골 어린이들은 지금도 손수 만든 딱총을 가지고 놀고 있을 것이다. 필자는 어린 시절 초여름이 되면 산의 노송나무 가지 끝에 붙어 있는 열매를 따서, 가느다란 대나무에 끼워, 작은 공기총을 쏘듯이 귀여운 총알을 탕탕 쏘아대며 놀았다. 딱총과 같은 것이다. 물론 대나무 통에 차례로 채워 넣은 나무 열매 총알은 피스톤 막대로 밀면 공기에 눌려 당연히 순서대로 튀어 나갈 것이라고 당시는 조금도 의심하지 않았는데, 이 보잘것없는 장난감이 쿨롱의 법칙, 그것도 제3법칙이라는 특수한 법칙을 응용한 훌륭한 완구라고 깨달은 것은, 우연히도 필자가 이 길을 전문으로 선택한 지 꽤 지나서의 일이었다.

딱총의 구조는 〈그림 3-7〉에 보인 것과 같이 아주 간단한 것이다. 바깥지름 5~6㎜, 길이 15㎝ 정도의 대나무 실린더 a와 피스톤 막대 b를 준비하면 된다. 총알 c는 종이를 씹어 ─ 약간 딱딱한 정도로 이로 씹어 조금 축이는 것이 이 딱총의 특색이다─피스톤 막대로 길이만큼 밀어 넣는다. 앞 끝에는 수 ㎝의 거리를 둔다. 다음에는 마찬가지로 종이를 씹어 피스톤 d를 실린더의 입구에 채워 넣는다. 그러고는 가능한 한 급속히 피스

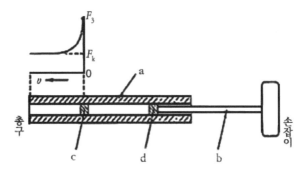

그림 3-7 | 딱총의 구조

톤 막대를 밀어주면 총알 c는 총구에서 핑 하고 튀어 나가는 것이다. 그것과 동시에 피스톤 d는 처음의 총알 c의 위치로 와서 다음번 총알이 된다.

보통 딱총은 총알 c와 피스톤 d 사이에 밀폐된 공기의 압력이, 피스톤을 강하게 밀면 급히 상승해 총알이 튀어 나가는 것이라고 간단히 이해하기 쉽다. 하지만 이것만으로는 제일 중요한 점을 빠뜨리고 있다. 실제로 공기총에서는 공기를 압축해도 자동적으로는 발사되지 않고 방아쇠를 당겨야 비로소 총알이 튀어 나가도록 되어 있다. 그런데 딱총은 특별한 방아쇠가 없는 일종의 자동총이다. 시험 삼아 마른 종이를 단단하게 뭉쳐 채워 넣고 해보면 좋다. 공기가 총알 주위로 새지 않게 주의 깊게 해도 총알은 결코 세차게 튀어 나가지 않는다. 이로 씹어서 축인 총알은 눈에 보이지 않는 자동 방아쇠 장치를 내장하고 있는데 마른 종이의 총알은 자동 방아쇠 장치를 갖고 있지 않기 때문이다. 이 방아쇠 장치라는 것이 「정지마찰력은 운동마찰력보다 크다」는 쿨롱 법칙의 제3항이다.

〈그림 3-7〉에서 총알 c를 그대로 두고 피스톤 d를 막대로 밀어 cd 사이 공기실에 밀폐된 공기의 압력은 체적이 작아지면 대체로 그 체적에 역비례하여 상승하거나 단열압축에 가까우면 좀 더 상승하는데, 그 공기압이 총알 c의 우측에 작용하는 힘에 저항해서 총알을 멈추어두는 힘은 총알과 대나무 실린더 사이의 정지마찰력 F_S이다. 공기실의 압력이 F_S에 이길 때까지 상승하면 총알의 마찰력 F_S는 그에 저항할 수 없게 되고 총구를 향해 미끄러져 간다.

그다음 과정이 중요하다. 〈그림 3-7〉에 c와 총구 사이를 달리는 총알의 마찰력과 그 사이에서 차츰 증가하는 속도의 관계 곡선을 비교하여 그려놓았다. 이는 2장의 〈그림 2-8〉과 같은 내용으로, 총알의 마찰은 정지해 있을 때 가장 크고, 그 크기는 정지마찰력 F_S인데, 움직이기 시작하면 F_S보다 훨씬 작은 운동마찰력 F_k로 급격히 저하하는 것을 가리키고 있다. 즉 총알 c의 정지마찰력 F_S는 그 큰 마찰력으로 공기실의 압력이 충분히 상승할 때까지 「방아쇠를 걸어두는」 역할과 총알이 미끄러지기 시작하자마자 그 큰 정지마찰력 F_S를 해방하고 스스로 작은 운동마찰력 F_k로 옮겨가는 「방아쇠를 당기는」 역할을 하게 되는 것이다.

앞에서 종이 총알을 씹어서 축여둔다는 것이 이 자동 방아쇠의 중요한 포인트라고 말했는데, 다음 장에서 설명하듯이 젖은 종이—일반적으로는 표면이 액체의 엷은 막으로 적당히 윤활되어 있는 물체—의 마찰과 마른 종이—일반적으로 표면에 위와 같은 윤활막이 없는 물체—의 마찰에서는, 속도에 대한 마찰의 특성이 다르며, 후자에서는 정지마찰력과 운동마찰력의 크기에 그다지 차이가 없다. 따라서 총알을 적셔두는 것은 마찰의 자동 방아쇠 작용에 없어서는 안 될 조건이며, 어린이의 경험적 지혜가 만들어낸 훌륭한 발명이다.

종이를 잘 넘기는 방법

쿨롱의 법칙은 고체의 마찰계수가 속도, 하중과 무관하다는 것을 규정하고 있는데 속도나 하중이 제로에 가까운 곳에서는 성립되지 않는다는 것은 이미 2장에서 설명했다. 그리고 속도가 제로에 가까운 부근의 마찰의 증대, 즉 정지마찰력과 운동마찰력의 차이를 교묘히 이용한 예로서 딱총의 메커니즘을 설명했다. 이 기회에 어린이의 놀이는 아니나, 하중에 관한 쿨롱이 법칙으로부터의 일탈현상, 즉 하중이 작은 곳에서 역시 마찰 계수가 갑자기 증대하는 현상(〈그림2-7〉참조)에 관련된 하나의 재미있는 예를 말하겠다.

정월이 다가오면 연하 엽서를 산더미처럼 쌓아놓고 한 장 한 장 이름을 쓴다. 이것은 큰 힘이 드는 일로, 그렇지 않아도 바쁜 연말에 큰 작업 중 하나이다. 직접 한 장씩 써본 사람이라면 엽서 더미의 맨 윗장 한 장만을 집는 일이 꽤 어려웠던 경험이 있을 것이다. 손끝으로 미끄러뜨려 한 장만을 집으려 해도 대개는 잘 안 된다. 한꺼번에 여러 장이 집히고, 거기서 다시 한 장을 떼어내는 데 고생을 한다. 번번이 손끝을 축여서 손가락과 엽서 사이의 마찰을 엽서끼리의 마찰보다 크게 하는 방법은 합리적이기는 해도 바쁠 때는 귀찮은 일이다.

박엽지로 된 사전을 잘 넘기는 일도 짜증 나는 일이다. 엽서처럼 딱딱한 종이나 두꺼운 종이라면 한 장 한 장 종이 끝에서부터 넘길 수도 있으나, 박엽지는 얇아서 그것이 곤란하다. 역시 한 장만 잘 미끄러뜨려 넘기는 방법밖에 없다. 어쨌든 안달이 나는 일이다. 그렇기 때문에 필자는 박엽지로 된 사전은 스마트하기는 하지만 되도록 피하고 있다.

한 가지 실험을 해보자. 필자가 지금 쓰고 있는 원고용지는 중간 정도의 미끄러운 성질을 갖고 있는데, 그 한 장을 잘라내 다시 신중하게 원위치에 포개놓는다. 이 한 장을 손끝으로 옆으로 잘 미끄러뜨려 집어내려는 것이다. 우선 중지 하나로나 중지나 인지로 종이 위를 꽤 세게 눌러 붙여 미끄러뜨려 본다. 몇 번을 반복해도 종이는 미끄러지지 않고 헛되이 손만 원고용지 위에서 미끄러진다. 다음에 손바닥을 활짝 펴서 원고용지 표면을 손끝과 같은 정도의 힘으로 판판하게 눌러 붙여 잡아당겨 본다. 그러면 이번에는 잘 집어낼 수 있다. 또 한 가지 방법, 이번에는 먼저와 같이 손끝만으로 눌러 붙이는데, 전보다 훨씬 가볍게 대기만 하여 잡아당겨 본다. 그러면 이 경우도 의외로 잘 집어낼 수 있다.

어느 날 태양과 바람이 외투를 입고 걸어가는 나그네를 발견하여 외투를 벗기는 경쟁을 했다. 바람은 강풍을 몰아붙여 억지로 나그네의 외투를 벗기려고 했으나, 나그네는 외투를 더욱더 단단히 몸에 뒤집어썼기 때문에, 바람의 방법은 성공하지 못했다. 태양은 따뜻한 빛을 내리쬐어 외투를 벗기는 데 성공했다. 사실 세게 눌러 붙여서 손끝과 종이 사이 마찰을 높여 종이를 집어내는 노력은, 이 유명한 우화 속 바람의 방법과 같은 것이다. 손끝을 세게 눌러 붙이면 과연 종이와 손끝 사이의 마찰력은 커진다. 그러나 그 원고용지 한 장과 다음 장의 사이 마찰력은 그 이상으로 크게 되는 것이다.

여기서 〈그림 2-7〉을 다시 잘 살펴보자. 이 그림에서 마찰계수가 하중이 작은 곳에서 갑자기 증가하는 것은 마찰력의 일부로 하중과 무관한 어느 일정한 힘 A가 항상 마찰력에 개입되어 있다는 의미이다. 이 A는 속도의 영향에 있어서와 마찬가지로 재질이나 고체 표면의 오염 상태에 따라 폭넓게 달라지는 값으로 일반적으로는 역시 어느 종류의 윤활막을 갖는

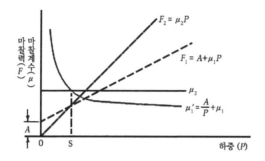

F₁, $\mu_1{}'$은 손끝과 종이의 마찰, F₂, μ_2는 종이와 종이의 마찰

그림 3-8 | 손끝 마찰과 종이 마찰의 비교

경우에는 크고, 마르고 깨끗한 표면에서는 작은 것이다. 이 A는 흙의 역학 분야에서 점착력이라고 부르는 힘과 같은 것이며, 이 분야에서도 습기 찬 흙의 A는 크고, 마른 흙의 A는 작다고 말하고 있다. 바꿔 말하면, 마찰계수는 마른 종이끼리는 하중에 거의 무관하게 일정하며, 손가락이나 종이가 오염되어 있으면 하중이 작은 곳에서 마찰계수가 증대하는 것이다.

〈그림 3-8〉을 보면 지금의 실험 결과를 잘 이해할 수 있을 것이다. 즉 그림에서 손끝과 종이 사이의 마찰력은 본래 충분히 하중이 큰 곳에서는 손끝 쪽이 조금이나마 윤활 작용이 있기 때문에 미끄러지기 쉬운 것이다 (F₁<F₂). 그러나 S점보다 낮은 하중인 곳에서는 손끝의 마찰이 정확하게 쿨롱의 법칙을 따르지 않기 때문에 원고용지를 손끝으로 미끄러뜨려 잘 집어낼 수 있느냐 없느냐는 것은 F₁과 F₂의 힘의 크기 차이가 문제이므로, 포개놓은 얇은 종이 한 장을 잘 집어내는 비결은 가볍게 눌러서, 즉 S점보

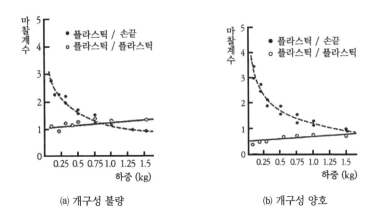

그림 3-9 | 손끝과 플라스틱 시트의 마찰과 플라스틱 포장지 개구성의 양부의 관계

다 작은 힘으로 눌러 붙여서 종이를 잡아당기는 데 있다. 먼저의 실험에서 손바닥을 활짝 펴서 탄탄하게 닿으면 종이를 잘 집어낼 수 있었던 것은 눌러 붙인 손바닥의 평균 압력이 내려가 결과적으로 가볍게 누른 것과 같아졌기 때문이다. 증명은 간단하다. 손바닥을 활짝 펴서 눌러 대도 힘을 주어 세게 누르면, 역시 손바닥 쪽이 미끄러져 종이를 집어낼 수 없는 것이다.

　지금의 실험은 장난 같은 일이지만, 예를 들어 포장용 플라스틱제 주머니의 문제가 되면 장난으로 끝나지 않는다. 포장하는 사람 입장에서는 이리저리 움직여 쉽게 열리지 않으면 안달이 날 뿐만 아니라 일의 능률도 오르지 않는다. 포장지나 포장용 플라스틱 시트끼리의 마찰은, 넓은 압력 범위에 걸쳐 손끝과 시트 사이의 마찰보다 충분히 낮아야 하는 것이 기술상 필요한 조건이다. 친구인 사에키 군은 이런 것을 연구해서 포장 주머니의 개구성(開口性)이 좋은 재질을 개발했는데, 그것은 요컨대 위의 조건을 만족시키는 것을 개발하는 고생이었다. 〈그림 3-9〉가 그 실험 데이터로 개구성이 좋은 주머니와 좋지 않은 주머니의 마찰을 비교한 결과이다. 개구성이 좋은 재질은 플라스틱 시트끼리의 마찰이 손끝과의 마찰보다 충분히 작다는 것을 알 수 있다.

어린이의 세계에는 아직도 마찰의 문제가 많다. 나무 오르기 등은 현수형 갈고리를 잘 다루는 사람이 베테랑이고, 발바닥과 나무줄기의 표면 사이의 마찰을 조사해보는 것도 재미있을 것이다. 미끄럼틀을 타는 어린이는 오일러의 운동마찰 실험을 매일 반복하고 있는 것과 같으며, 스톱워치 한 개만 있으면 어린이들이 입고 있는 의복의 재질과 미끄럼틀 사이 마찰계수에 대한 풍부한 데이터를 얻을 수 있다.

어린이들의 놀이에 스포츠는 따라붙기 마련이었다. 꽤 이야기가 길어졌으므로 다음에는 스포츠의 세계를 들여다보기로 하자. 거기에 마찰 스포츠의 챔피언인 스키와 스케이트가 기다리고 있다.

3. 스포츠 속의 마찰현상

줄다리기는 체중 겨루기

신록의 5월 맑은 날이나 단풍이 드는 가을의 맑은 날 펼쳐지는 초등학교의 운동회만큼 즐거운 추억은 없다. 달리기, 뛰기, 던지기, 그중에서도 특별히 필자의 추억에 남는 것은 줄다리기였다. 학생 전원을 홍·백 두 팀으로 나누어 힘을 겨룬다. 이겼을 때는 물론 크게 뽐내고, 지면 분하지만 어쨌든 역시 즐겁다. 힘자랑하는 학생은 여기에서 제일 기를 쓴다.

그런데 줄다리기라는 것은 정말로 힘겨루기일까? 우선 우리의 줄다리기 힘은 어떠한 것인가를 실제로 측정해보자. 필자의 서재 기둥에 튼튼한 밧줄을 매고, 밧줄 중간에 용수철저울을 끼워놓고 힘껏 잡아당겨 본다. 그 값은 평균적으로 약 30㎏이었다.

이 힘은 어떤 의미의 것일까? 역학적으로 보면 손이 미끄러지지 않는다면 아무래도 발바닥이 미끄러질 때의 마찰력이 필자가 낼 수 있는 최고의 당기는 힘이 될 것이다. 그러므로 이 줄다리기의 힘은 쿨롱의 법칙에 따라 체중에 비례하지 않으면 안 된다.

지금 필자의 줄다리기의 힘 30㎏과 체중의 비를 보면 필자의 체중은 61㎏이므로 약 0.5가 된다. 그래서 따로 마찰계수를 측정해보았다. 먼저의 줄다리기 실험은 가죽 슬리퍼를 신고, 서재 마루의 융단 위에서 했기 때문에 마찰계수도 같은 슬리퍼 위에 마침 근처에 있는 무게 2.5㎏의 큰 사전을 올려놓고 측정했다. 그 결과 정지마찰력은 1.2㎏으로 나왔다. 슬리퍼와 융단 사이의 정지마찰계수는 0.48로 줄다리기의 마찰계수와 거의 일치한 것이다.

이렇게 해보면 운동회의 줄다리기는 발바닥과 교정의 흙 사이 마찰 게임이었다고 말할 수 있다. 홍과 백 어느 쪽이 전체 인원의 체중 합계가 크냐는 것이 우선 승패의 중요한 포인트가 된다. 그리고 다음은 발바닥의 마찰계수가 큰 쪽이 유리하다. 마른 단단한 흙 위에 모래가 뿌려져 있다든가, 젖어서 미끈미끈하게 되어 있는 곳 등은 미끄러지기 쉬워 손해다. 그러나 흙이 패인 곳에 발꿈치를 걸치는 것 등은 좀 교활하기는 하지만 득이다.

줄다리기 밧줄 중앙에 강력한 용수철저울을 끼워놓고 줄다리기의 힘을 측정하여 어린이들 전체 중량과의 비―흙과의 마찰계수―를 측정해보는 것도 재미있으며, 승패의 통계를 홍백 어느 쪽의 전체 중량이 무거운가의 통계와 비교해보는 것도 재미있다. 필자는 통계적으로 팔 힘이 센 쪽이 아니라 체중이 무거운 쪽이 이기는 경우가 많았다고 생각한다.

섬세한 마찰의 역할

스포츠의 세계에서 마찰을 제외하면 얼마나 재미가 없어질까라는 생각이 든다. 마찰은 일정하기 힘든 매우 섬세한 힘이다. 야구 투수의 변화구는 모두 손과 공 사이 마찰로 스핀을 거는 방법에 의한 것이므로, 투수는 항상 공을 깨끗이 닦아 손과의 마찰이 충분하도록 신경을 쓰고 있다. 필드경기―원반던지기, 창던지기, 포환던지기, 장대높이뛰기 등―는 거의 손과의 마찰이 섬세한 역할을 하며, 철봉이나 평행봉, 역도 등에서 손이 미끄러지거나, 평균대에서 발이 미끄러져서는 위험하다.

또 직접 손의 마찰은 아니지만 도구를 이용하는 스포츠에서도 마찰이 섬세한 역할을 하는 것이 많다. 탁구의 라켓에 스펀지고무를 붙인 것이 문제가 된 적이 있다. 공과의 사이에 마찰이 지나치게 커지면 너무 심한 변화구가 나타나기 때문에 문제가 될 것이다. 테니스 라켓의 거트(망)와 공사이 마찰에 대한 연구가 있는지 없는지는 알 수 없으나 거트용 신재질의 개발은 마찰이 드라이브에 큰 역할을 하므로 재미있는 과제일 것이다. 골프채의 면과 공 사이의 마찰은, 공에 슬라이스나 훅, 특히 백스핀을 거는 데 매우 중요한 역할을 하고 있다. 그 때문에 표면에 단순한 미끄럼 방지 처리나 홈을 파는 이외의 가공을 하는 것은 규정상 금지되어 있다. 골프의 퍼팅은 잔디와 공 사이 구름마찰의 문제이다. 잔디의 종류, 잔디를 깎는 방법의 길고 짧음, 잔디 결의 방향, 땅의 경도, 잔디의 건습(乾濕) 등이 모두 미묘하게 구름마찰에 영향을 주어 골퍼를 괴롭히고 있다. 볼링은 무거운 공을 굴려서 핀을 맞혀 쓰러트릴 뿐인 것처럼 보이지만, 공의 스핀에 의한 마찰로 핀을 튕기는 작용이 역시 중요하기 때문에, 이렇게 되면 공과 핀의 재질 사이 마찰은 큰 것이 유리할지도 모른다. 그렇다면 규정 내에서 공을 마찰이 큰 재질로 만드는 것이 연구 과제가 될 것이다.

보행할 때 발바닥과 지면 사이 마찰의 대소는 다리의 피로나 보행 시간에 미묘하게 영향을 미칠 것 같다. 일반적으로 단거리 경기에서는 스파이크를 사용하고, 장거리 경기에서는 사용하지 않는 것은 단순히 스파이크 무게만의 문제가 아니라 발바닥이 착지해서 떨어지기까지 일어나는 근소한 마찰과 미끄럼에 관계가 있는 것 같다. 일반적으로 착지 때 마찰이 다소라도 일어나면 관절부 등에 주는 충격이 완화—기계적으로 말하면 이른바 마찰 완충—되기 때문에, 장거리경주에서는 미끄럼에 의한 근소한 거리 손실보다도 피로도에 있어서 유리해진다는 것을 충분히 생각할 수가 있다. 그라운드의 토질, 경도 등이 달리기 쉽다든가 피로하다든가에 영향을 주는 것은 트랙 경험이 있는 사람이라면 다 알고 있다.

복빙현상

그러나 무엇보다도 스포츠 중 마찰이 가장 화려하게 등장하는 것은 겨울스포츠의 스타인 스키와 스케이트이다. 은백색의 알프스 빗면을 시속 100㎞ 이상으로 활강하는 스키, 거울과 같은 얼음의 은반 위를 난무하는 스케이트, 그 웅대함과 화려함에서는 이 이상의 것이 없다.

스키나 스케이트는 어떻게 해서 그렇게도 잘 미끄러지는 것일까? 눈은 공중을 떠다니는 물방울의 결정 또는 그 집합이고, 얼음은 고체 모양의 물이기 때문에 본질적으로는 같은 것이다. 물은 일상생활에서 가장 흔한 액체로, 한 분자는 수소 2원자와 산소 1원자로 이루어져 있다. 그러나 이 물이라는 화합물은 화합물로서는 드물게 별난 물리적 성질을 갖고 있다. 예를 들면 녹는점은 $0℃$인데도 밀도는 섭씨 $4℃$에서 가장 커지고 그보다 온도가 내려가도 팽창하여 밀도가 낮아진다. 그리고 일반 물질이 액체에서 고체로 변하면 수축해서 밀도가 증가하는데 얼음은 팽창해서 대기압 아래에서 0℃의 밀도는 0.917g/㎤가 된다. 이것은 얼음이 물보다 훨씬 가볍고, 물속에서 약 10% 정도 머리를 내밀고 떠 있게 되는 이유이다.

　이러한 물의 특별한 성질과 관련해서 복빙현상(復氷現象)이라는 것이 있다. 알프스의 융프라우, 몬테로사, 몽블랑 등 고산 주변 수십 ㎞에 이르는 대빙하의 웅대함과 아름다움은 말로 다 할 수가 없다. 실은 이 빙하는 글자 그대로 강이며, 흐르고 있다. 벼랑에서는 폭포를 만든다. 유속은 매우 느리다. 1년이 걸려도 수십 m에서 빠른 것도 수십 ㎞ 정도이다. 매우 단단한 얼음의 띠가 어떻게 골짜기에서 낮은 쪽으로 흐르는가? 이것이 복빙현상에 의한 것이다. 복빙현상이란 물의 특수성으로서 압력을 가하면 녹는점이 낮아지는(1기압 증가할 때마다 0.0074℃) 결과, 압력을 가하면 녹아서 물이 되고, 압력을 제거하면 다시 얼음으로 되돌아가는 현상이다. 빙하 바닥에서는 그 바위에 접해 있는 부분이 빙하의 두꺼운 층의 무게로 높은 압력을 받는다. 그 결과, 그 부분이 녹아서 빙하는 차츰 낮은 쪽으로 이동한다. 이것이 빙하의 흐름이다. 녹은 얼음은 압력이 제거되면 물로 되돌아간다. 가정에서도 얼음을 송곳 끝으로 누르면, 송곳 끝에 집중한 높은 압력 때문에 얼음이 녹아 간단히 구멍이 뚫리며, 철사를 팽팽하게 당겨서 눌러 붙이면 차츰 얼음 속으로 파고들고, 패인 후에는 그 자리가 간단히 묻혀버린다. 또 보온병에 집어넣은 얼음을 잠시 후 끄집어내려 하면 모두 한 덩어리가 되어 꺼낼 수가 없게 된다. 이것들은 모두 복빙현상에 의한 것이다.

스키나 스케이트는 왜 미끄러지는가?

사실은 스케이트나 스키가 미끄러지는 것은 이 복빙현상이 아닌가 하는 생각이 있다. 스키나 스케이트의 압력에 의해 접촉면의 눈이나 얼음의 녹는점이 내려가 물이 되어, 그것이 윤활유의 작용을 해서 미끄러지기 쉬워진다는 사고방식이다. 복빙현상 자체는 패러데이(M. Faraday)의 발견이지만, 스키나 스케이트가 미끄러지는 원인으로 복빙현상을 제안한 것은 1901년 레이놀즈(O. Reynolds)가 처음이었다. 레이놀즈는 액체에 의한 윤활 이론을 처음으로 수립한 영국의 수력(水力)학자로 뒤에서 다시 이름이 나온다.

필자는 만주에서 혹한기를 보낸 경험이 있는데 당시 −20℃에서 −30℃의 야외에서 여러 번 스케이트를 즐겼다. 그때 영하 20도 정도에서는 잘 미끄러지는데도 30도까지 내려가면 잘 미끄러지지 않았던 기억이 있다. 지방 사람들은 영하 15도부터 20도 정도의 날이 제일 잘 미끄러진다고 말했는데, 복빙현상으로 해석하면 영하 20도에서는 마침 얼음이 녹아 물로 변하지만, 영하 30도에서는 스케이트 날의 압력 정도로는 물이 될 만큼 얼음의 녹는점이 낮아지지 않는다는 것인지도 모른다. 몹시 추운 날에 얼음 위를 활주하는 것은 마치 큰 암반이나 큰 소금 덩어리 위를 활주하듯이 싱거워 스케이트를 타는 재미는 별로 없었다.

복빙현상설은 교묘한 생각으로 그럴듯하지만 그 후 여러 가지로 연구된 결과를 보면 납득하지 못할 점이 차츰 밝혀졌다. 특히 스키의 경우는 이제부터 설명하는 바와 같이 납득하기 어려운 점이 여러 가지 지적되어 왔다.

눈은 -20℃ 정도의 가랑눈이 제일 잘 미끄러진다고 한다. 만약 복빙현상으로 이 -20℃의 눈이 녹아 미끄러지는 것이라고 하면 어떻게 되는가를 대충 생각해보기로 하자. 스키의 판판한 부분은 너비 8㎝, 길이 185㎝이므로, 눈에 필자의 체중 약 60㎏이 균일하게 작용한다고 하면, 설면(雪面)의 평균 압력은 60㎏/(8㎝×185㎝×2개)=0.02㎏/㎠이다. 이만한 압력으로는 녹는점은 0.0074℃×0.02=0.000148℃밖에 내려가지 않는다. 즉 -0.000148℃보다 낮은 온도의 눈은 녹이지 못한다는 이치가 된다.

그러나 2장에서 언급했듯이 고체의 접촉이 전면적으로 균일하지 않다는 것은 오늘날의 상식이다. 따라서 눈과 스키의 접촉에서도 눈의 입자가 단단한 곳만이 진짜 접촉압력을 받아 녹는 것으로 생각하면 어떨까라는 반론이 있을지도 모른다. 그렇다면 정말로 눈이 스키와 접촉해 있는 면적에서 복빙현상 때문에 눈이 녹는다고 한다면 그 면적은 스키의 면적에 대해 얼마만큼의 비율이 되는가를 간단히 계산해보자. 그것은 녹는점을 0℃에서 -20℃까지 내리는 설면 압력으로 체중을 나누면 되기 때문에 필요한 면적은 60㎏/(20°/0.0074°㎏/㎠)=0.0222㎠, 즉 약 2㎟ 정도가 된다. 이것은 스키 전체 면적의 경우 0.0007%가 되어 아무리 대략적인 계산이라해도 도저히 믿을 수가 없다.

마찰열에 의한 융해설

위와 같은 의문을 던진 것은 사실은 앞에서 든 케임브리지대학의 바우덴 교수이다. 필자는 교수의 스키에 관한 연구를 논문을 통해서 잘 알고 있기 때문에 케임브리지의 연구소에서 어느 때 교수가 어떤 동기로 스키 연구를 시작했는가를 직접 들어보았다. 그랬더니 「나는 골프는 하지 않지만, 스키는 젊었을 때부터 좋아해서 지금도 해마다 즐기고 있다. 눈과 얼음의 마찰 연구는 스위스의 융프라우, 융프라우요흐의 빙실(요흐의 호텔 안에 있는 상당히 넓은 얼음 구덩이로 필자도 들어가 본 적이 있으며, 25명 정도)에 준비한 실험 장치를 가지고 들어가서 실험했다. 스키를 좋아하는 일행을 데리고 가서 실험 중간중간에는 스키를 타며, 휴양을 취했다」라고 기쁜 듯이 말씀해주셨다.

교수는 마찰면의 온도 상승이나 발열에 대한 유명한 논문을 썼고 그의 머리에는 녹은 물이 윤활유의 작용을 하는 것은 좋다고 치더라도, 눈이나

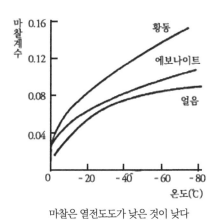

마찰은 열전도도가 낮은 것이 낮다

그림 3-10 | 열전도도의 차이에 의한 스키 마찰의 차이

얼음이 녹는 원인은 오히려 마찰열에 의한 융해에 있는 것이 아닌가 하는 생각이 있었던 것 같다. 그리고 스키와 눈의 마찰계수를 실제 측정에 의해 0.05로 하여 스키가 1㎝를 달리는 사이 발열량을 계산하여 그 열량이, 가령 스키가 그 전체 면적에서 균일하게 눈과 접촉해 있다고 하더라도, 적어도 6분자층 이상의 물의 층을 스키가 전면적으로 접촉하는 것이 아니라는 것을 고려한다면 수 마이크로미터(㎛) 두께 물의 층을 만들 것이라고 추론했다.

스키나 스케이트의 마찰면에서 눈이 마찰열에 의해 녹는다는 생각은 그 후 여러 가지 증명으로 보강되었다. 예를 들면 스키 마찰면의 온도는 스키 재질의 열전도도가 낮을수록 올라가기 때문에 열전도도가 낮은 재질일수록 눈이 잘 녹고, 열융해설(熱融解說)의 이론적 귀결을 실험적으로 증명했다(그림 3-10). 그 밖에 얼음과 얼음의 마찰에서도 정지마찰과 운동마찰과의 값에 분명히 큰 차이가 있으며, 역시 복빙현상은 제2의 부차적인 것이고, 마찰열이 얼음을 녹이는 첫째 원인일 것이라는 결론을 내릴 수 있다. 왜냐하면 만일 얼음이 압력에 의해 녹고, 그 물이 윤활 작용을 하는 것이라면, 얼음과 얼음을 내리누르는 것만으로 물의 막이 만들어지므로 양자의 마찰 차는 그다지 크지 않기 때문이다.

1910~1912년 스콧(R. F. Scott)의 남극 탐험 기록에 의하면 −30℃에서 −40℃의 저온이 되면 썰매가 마치 모래 위에서 끄는 듯이 무거워졌다고 하며, −20℃ 정도로 따뜻해지면 확실히 썰매는 가벼워졌다고 했다. 또 그보다 더 전에, 난센(F. Nansen)의 북극 탐험의 기록(1898)에는 그들이 지

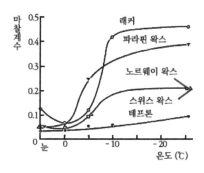

그림 3-11 | 실물 스키의 저속 마찰에 대한 왁스류와 눈의 온도 영향

참한 두 종류의 재질이 다른 썰매—하나는 니켈, 하나는 단풍나무 재질의 러너—를 끄는데 -40℃ 가까운 기온에서 니켈 썰매는 적어도 5할이 더 무거웠다고 기록되어 있다. 이것도 열전도도의 차이에 의한 것으로서 〈그림 3-10〉의 실험 결과는 눈이나 얼음의 열융해설을 증명하는 귀중한 기록이라고 말할 수 있다.

이와 같은 열융해설로부터 보면 스키와 눈 사이 마찰계수가 속도에 크게 영향을 받고, 극히 저속에서는 0.2~0.4 정도이며, 보통 고체의 마찰계수가 큰 것이 더욱 빠른 5m/sec(18㎞/h)에서는 0.02~0.05 정도로 저하되는 것도 이해할 수 있다. 또 눈의 온도가 -10℃ 이상으로 따뜻해지면 갑자기 미끄러지기 쉽다는 것, 스키의 재질이 플라스틱과 같은 열전도도가 아주 낮은 것에서 특히 미끄러지기 쉽다는 것, 왁스도 열전도도에서 큰 역할을 하고 있으리라는 것 등 모두 잘 이해할 수 있다(그림 3-11). 또 물에 젖기 어려운 테플론제 스키의 마찰계수가 뛰어나게 낮은 것은 주목할 가치가 있으나 그 메커니즘은 열전도도 외에 왁스의 작용 메커니즘과 더불어 물에 젖기 쉬운 성질에도 밀접하게 관련되고 있다고 생각된다. 스키의 재질은 물에 젖기 어려운 것이 잘 미끄러지기 위한 중요한 조건 중 하나인 것 같다.

표 3-5 | 스키 왁스 및 스키의 재질에 따른 속도 차

스키 위의 중량(kg)	시간(sec)	
	노르웨이 왁스와 파라핀 왁스를 도포	신형 테플론제 스키
76	61	42
63	83	54

눈의 질은 굵은 눈, 기온은 5℃, 눈의 온도는 0℃, 경사의 길이는 213m

〈표 3-5〉는 길이 213m의 완만한 경사를 중량물을 실었을 뿐인 스키가 활강하는 데 걸리는 시간을 비교한 예로, 테플론제 스키가 미끄러지기 쉽다는 것은 방금 말한 대로다. 그렇지만 첨가해서 스키의 중량은 무거운 쪽이 미끄러지기 쉽다는 것을 가리키고 있다. 이것은 활강 레이스에서는 체중이 무거운 서양인이 가벼운 동양인보다 그만큼 일반적으로 유리하다는 것을 가리키는 것으로 이것도 발생 마찰열이 눈을 녹이는 주요 원인이 된다는 것의 증명으로 볼 수 있을 것이다.

스키나 스케이트의 마찰에 대해서는 미해결인 점이 많으나, 스케이트

에서는 날의 압력이 매우 높기 때문에 복빙현상에 의한 얼음의 융해도 많든 적든 그 미끄러지기 쉬움에 관여하고 있는 것은 부정할 수 없다. 그러나 현재는 모든 융해의 주된 원인은 마찰열에 있다고 보는 것이 여러 가지 사실을 보아 모순 없이 설명할 수 있을 것 같다.

루지(Luge)나 봅슬레이(Bobsleigh)의 마찰 등도 스키나 스케이트의 그것과 본질적으로는 같은 것이다.

한 가지 주의할 것이 있다. 고속 스키 경기의 대상이 되는 가랑눈은 역학적으로는 고체라고 보기 어렵고 이른바 분체(粉體)라 일컫는 유체도 고체도 아닌 독특한 역학적 대상물이다. 이 종류의 눈 위에서 스키 운동은 다분히 유체역학적인 저항을 받기 때문에 모든 스키의 저항을 고체로서의 눈의 표면마찰로 단정하는 것은 위험하다. 사실 경험이 풍부한 스키 전문가는 확실히 마찰이 작은 스키라 할지라도 그것만으로는 결코 스피드 경기에 적합한 스키라고는 말하지 않는다.

인간 관절의 마찰

중학교부터 고등학교에 걸쳐 필자는 여름방학에는 자주 산행(山行)을 했다. 어느 여름 조에쓰(上越)의 산을 하루에 약 50㎞ 정도나 걸은 적이 있다. 필자에게는 24시간 동안 걸은 최고 기록인데 그때 마지막으로 도착한 산의 온천에서 무릎관절이 부어오르고 다리에 이상한 붉은 반점이 나타나 이튿날 아침에는 거의 다리를 움직일 수 없었던 일이 생각난다. 인간의 골격은 기계적으로 보면 일종의 링크 메커니즘—몇 개의 막대를 조인트로 연결한 메커니즘—이며, 그 각의 조인트는 결국 베어링의 일종이므로 그 마찰에 저항하며 하루에 수만 번이나 체중을 실어 움직이면 기계의 베어링과 마찬가지로 기름도 없어지고 마모도 될뿐더러 염증이 생긴다고 해도 이상할 것이 없다. 모든 스포츠는 육체 운동이므로, 이 조인트의 원활한 움직임과 그 내구성이 중요하다는 것은 말할 나위도 없다.

최근 인간공학(人間工學)이 새로운 기술적, 의학적 과제로 등장하고부터 이 관절의 마찰에 대한 공학적, 의학적 연구가 진보해 왔다. 스포츠에 관절의 고장은 따르기 마련이다. 동시에 관절의 선천적, 후천적인 치명상에 대해서는 의학적 관점에서도 훌륭한 인공관절을 공급하지 않으면 안 된다. 이 기회에 인체관절의 마찰에 대해 약간 언급하고 이 장을 마치기로 한다.

인체의 관절은 그 기본적인 운동에서는 기계의 그것과 조금도 다르지 않다. 다만 그의 형상이나 운동, 또는 재질이나 윤활유가 기계보다 복잡하다는 것이다. 오늘날 인공관절이 꽤 실용화되어 있으나 아직도 그 성능은 자연관절에는 미치지 못한다. 다리에 자신이 있었던 필자의 무릎관절은 하루에 50㎞를 걸었더니 거덜이 나버렸지만, 지금의 기계 베어링은 하루 24시간 산길을 걷는 것의 몇만 배나 극심한 조건에서 사용해도 꿈쩍도 하지 않는다. 필자는 얼마 안 가서 자연관절 못지않은 완전한 인공관절이 완성되리라 믿고 있다.

인체의 관절은 일반적으로 〈그림 3-12〉와 같은 구조를 지니고 있다. 기계의 베어링과 비교해서 말하면, 베어링 면은 양면이 다 단단한 뼈의

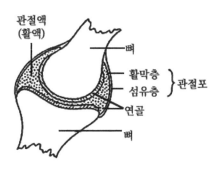

관절액
(활액)

뼈

활막층
섬유층 } 관절포

연골

뼈

그림 3-12 | 관절의 구조

표면에 탄성이 있는 매끄러운 연골을 가지며, 윤활유로서는 점도가 있는 관절액을 내장하고 있다. 관절운동의 자유도는 일반적으로 기계의 베어링보다 넓고, 이른바 구면(球面) 베어링형의 것이 많다.

관절에 걸리는 하중은 일반적으로 일정하지 않다. 예를 들면 고관절(股關節)이나 무릎관절은 보행 때마다 충격적인 하중이 걸리지만 부하 시간이 짧아 기계로 말하면 엔진의 크랭크나 피스톤핀의 베어링과 같은 부하 양식이다. 관절을 베어링으로 보았을 때 그나마 도움이 되는 것은 미끄럼 속도가 일반적으로 낮기 때문에 마찰에 의한 발열이 작다는 점이다. 모든 관절에 걸리는 복잡한 하중의 실측 조사는 인공관절의 설계에서 기본 조건이며, 여러 가지 측정이 이미 이루어지고 있다. 〈그림 3-13〉은 그 시험 상황의 한 예이다.

연골도 관절액도 인공의 마찰 재료와 윤활유에 비교하면 매우 복잡하다. 연골의 마찰면은 연하지만 비교적 요철이 많고, 10분의 1~2㎜ 정도의 거칠기를 갖는다. 관절액은 대단한 고분자량의 다당류(多糖類)를 포함하고 있어, 그 절단 마찰저항은 단순한 점성유체와는 다른 두드러지는 비(非)뉴턴액의 특성을 나타낸다. 즉 질이 연한 그리스와 같이, 빠르게 절단하면 비교적 마찰이 낮고, 천천히 절단하면 마찰이 커진다.

더구나 우무(寒天)처럼 방치해 두면 겔(gel)화하여 굳어지는 성질이 있다. 아침에 일어났을 때 모든 관절이 무거운 이유 중 하나이다. 그러나 하나의 외관상의 평균 점도를 보면 0.3~0.6 포아즈[poise : 기호 P ; 점도의 단위로, 1포아즈는 1㎠ 넓이의 판을 1㎝의 간격으로 두 장을 평행하게 놓고, 그 사이에 액체를 채워 판을 상대적으로 1㎝/sec의 속도로 미끄러지게 했을 때 나타나는 절단저항이 1다인(dyn)과 같은 정도를 말한다] 정도로, 대략 말해서 보통의 기계기름과 같은 정도라고 보면 된다.

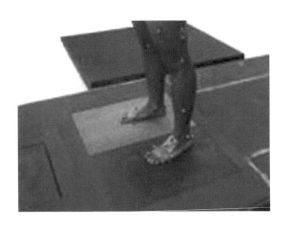

그림 3-13 | 관절에 걸리는 힘의 측정

표 3-6 | 인체 관절의 마찰계수

연령, 성별	관절액	링거액
24 M	0.008	0.013
50	0.012	0.018
74 M	0.010	0.015
77 F	0.007	0.010
78 M	0.005	0.009
평균	0.008	0.013

M은 남성, F는 여성

실제로 사망 직후 인체에서 채취한 고관절과 관절액으로 측정한 마찰계수를 〈표 3-6〉에 보였다.

그 값은 평균치로 0.008인데, 이것은 시험 조건이 저속인 만큼 기계의 베어링과 비교할 때 놀랄 만큼 낮은 값이라고 생각한다. 현재의 기계베어링은 미끄럼베어링이나 구름베어링에서도 그 마찰계수는 0.003 전후로 보면 되는데 미끄럼베어링에서는 속도가 관절 정도로 느리면 0.01 이상이 된다. 관절은 매우 느린 속도의 미끄럼베어링의 일종인 만큼 관절의 값이 이 정도로 낮은 것에는 놀라지 않을 수 없다. 링거액도 연골에 대한 꽤 좋은 윤활유이지만 관절액에는 미치지 못한다.

베어링으로서 본 인체의 관절이 어떠한 공학적 원리에 입각한 것인가에 대해서는 물론 잘 알지 못한다. 깊이 개입할 형편도 아니기 때문에 자세히는 언급하지 않겠다. 다만 공학적으로 봤을 때, 관절이라는 베어링의

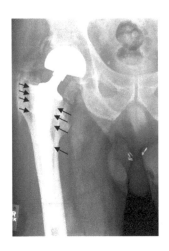

그림 3-14 | 인공 고관절의 한 예

윤활 원리가 하중이 실린 경우, 가운데가 움푹하게 들어가 베어링 면이 변형되는(예를 들면 데라다 선생님의 구두 고무창이 오므라들어 미끄러진 경우와 같이) 탄성유체윤활의 한 면을 갖는다는 것과 하중은 주기적으로 작용하기 때문에 이른바 운동하중베어링의 한 면을 갖는다는 것, 따라서 두 면의 미끄럼이 아니라 접근 속도에 의해 유막이 만들어진다고 하는 이른바 착막(搾膜) 작용이라는 원리를 갖는다는 것과 마찰계수의 크기로 미루어서 그 윤활 상태도 경계(境界)윤활이라고 하기보다는 오히려 유체윤활에 가깝다(뒤에서 설명)는 등은 틀림이 없을 것이다.

현재 인공관절용 재료로는 관절와(關節窩)용으로 폴리에틸렌계 플라스틱, 관절두(關節頭)용으로 티탄 합금, 코발트-크롬-몰리브덴합금, 고(高)크롬-니켈 몰리브덴강(베어링용 스테인리스강) 등이 추천되고 있다. 기술적인 개발의 초점은 주로 이들 재료가 관절액에 침범당하지 않을 것, 마모되지 않을 것 등이다.

현재 사용되고 있는 인공고관절의 한 예를 〈그림 3-14〉에 보였다. 보통 관절이 들어간 쪽, 즉 관절와에는 플라스틱제의 통발을 집어넣고 둥근 쪽, 즉 관절두에는 인공의 금속 제품을 대퇴골에 끼워 넣는 것이 많은데, 이 경우 윤활액에는 자신의 자연의 윤활유, 즉 관절액을 사용하게 된다. 그러나 인간이 공업용으로 개발한 베어링 재료와 인체의 윤활유인 관절액과의 매칭에는 아직도 큰 문제가 남아 있어 앞으로의 과제로 되어 있다. 기계의 베어링은 이미 「영구윤활(永久潤滑)」(한 번 공급한 기름은 기계의 수명이 다할 때까지 영구히 교환할 필요가 없는 윤활)의 직전까지 발달해 있다. 의료용 인공관절이 영구 베어링이 될 날이 하루빨리 오기를 기대한다.

4장

마찰의 메커니즘

1. 표면과 표면장력

마찰현상의 이론화

여기에서 다시 한번 앞에서 언급한 데라다 선생님의 수필을 복습해보자. 선생님은 거기서 고무 구두가 인조석 위에서 미끄러지기 쉽다는 것을 이야기하신 후, 다음과 같이 쓰고 있다.

「…… 그것이 사실은 특히 인조석과 고무를 조합하는 데서 특별한 현상이 일어나는 것이므로, 이것은 반드시 기지의 단순한 루브리케이션 (lubrication ; 윤활이라는 의미—인용자 주기)의 문제로서 불문에 부칠 수 없을 것같이 보인다. (중략) 이것을 깊이 추구하면, 원래 매우 명료하지 못한 「마찰」 그 자체의 본성에 관한 여러 가지 문제에 의외로 서광을 가져다주게 될지도 모른다. 종래는 단 두 물질 사이의 마찰계수만 측정되면 그것으로 만사가 해결되었다고 생각하는 것 같지만, 분자물리학의 입장에서 보면 마찰의 문제는 아직도 거의 공백으로 남겨져 있는 것 같다. 가장 최근에 물질 표면층의 분자 상태에 관한 연구 성과에는 상당히 눈부신 것이 있으므로, 머지않아 나의 구두 밑창의 경우에 대해서도 얼마쯤 만족할 만한 해석이 얻어지리라고 기대된다.」

이 수필이 쓰인 당시는 영국의 하디경 등이 겨우 분자물리학적인 입장에서 마찰현상의 해석에 당면하던 시대이다. 오늘날 마찰현상의 해석은, 당시는 아직 전혀 확립되어 있지 않았으나 마찰의 학문이 마찰계수의 측정으로부터 그것의 해석으로 발전해야 하고, 그 해석은 분자물리학의 입장, 말할 것도 없이 물성론(物性論)의 입장에서 이루어져야 한다는 선생의 전망은 놀랄 만큼 정확하다고 말하지 않을 수 없다.

필자는 2장에서 마찰법칙의 역사적인 발전의 자취를 더듬었다. 또 여러분과 함께 비근한 마찰 실험을 하면서 해석은 뒤로 돌리고, 사실로서의 마찰현상을 관찰해왔다. 그리고 레오나르도로부터 쿨롱까지 300년 동안 선배들이 쌓아 올린 관찰 결과로부터 유도된 법칙, 이른바 쿨롱의 법칙이 실험법칙으로서 올바르게 성립되어 오늘날에도 여러 가지 방면에 올바로 적용된다는 것을 3장에서 확인했다. 또 쿨롱의 실험법칙의 특수성—속도, 하중이 작은 영역에서는 쿨롱의 법칙으로부터 착오—에 대해서도 두세 가지 주변의 사실에서부터 이것을 확인했다.

그러나 겨우 이 쿨롱의 법칙이 성립하는 이유, 즉 이 법칙에 해석을 부여해야 할 시점에 다다른 것 같다. 그 올바른 해석이란 이른바 마찰현상을 이론화함으로써 과학 체계의 일환으로 집어넣는 일이다. 이제부터 그것의 해석으로 들어가려 하지만 이야기가 좀 딱딱해지는 것을 미리 양해해주기 바란다.

물질의 표면은 어떻게 되어 있는가?

고체의 마찰현상을 생각하기 전에, 먼저 한 가지 중요한 개념을 이해해둘 필요가 있다. 그것은 고체, 액체를 통한 물질의 표면이라고 하는 것의 개념이다. 그것은 마찰이라는 현상이 결국 윤활현상까지 포함한 고체 및 액체의 표면현상이기 때문이다. 표면과 관계가 없는 마찰현상이라는

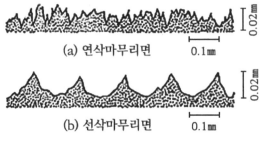

(a) 연삭마무리면   0.1㎜

(b) 선삭마무리면   0.1㎜

두 그림의 상하 확대율은 다르지만 어느 것이나 좌우 확대율보
다 훨씬 크기 때문에 실제 요철의 경사는 그림보다 훨씬 작다

그림 4-1 | 마무리 면의 요철의 확대도

것도 존재는 한다. 철사를 여러 번 좌우로 반복하여 구부리면, 그 부분이
뜨거워진다. 이것은 내부마찰이라 하여, 철사의 내부에 일어나는 미끄럼
이나 철사를 구성하는 원자 사이의 상대변위(相對變位)에 따른 에너지 손실
에 의한 것으로, 보통 말하는 마찰—외부마찰—과는 약간 성질이 다르기
때문에 여기서는 생각하지 않는다. 먼저 표면이 존재하고 다음에 그것들
이 접촉을 일으키고 마찰은 그 뒤에 일어나는 다른 현상이다.고체의 표면
은 두 가지 관점에서부터 파악될 수 있다. 우선 거시적인 관점에 서서, 그
외형을 관찰하면 여러 가지 마무리 방법에 따라 거울처럼 평활한 것도 있
는가 하면, 줄처럼 거친 것도 있다. 그러나 어쨌든 우리가 현재 가지고 있
는 공작 기술로는 완전한 기하학적 평면이라는 것은 만들 수 없고 반드시
요철이 존재한다(그림 4-1). 현재의 공작 기술이라면 최고의 마무리 면이
라도 요철의 높이는 10^{-4}㎜ 전후일 것이다.

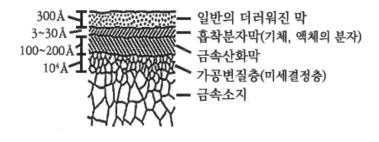

그림 4-2 | 금속표면의 구조

또 다른 외형상의 중요한 점은 언뜻 깨끗하게 보이는 고체 표면이 사실은 여러 가지 물질의 얇은 막으로 덮여 있다는 점이다. 〈그림 4-2〉는 금속 표면의 일반적인 구조로서, 본래의 금속소지(素地) 위에 3~4층의 이물질 층이 덮여 있다. Å는 옹스트롬으로 1Å=10^{-7}㎜이다. 일반적인 오염이란 손기름, 먼지 등을 포함한 여러 가지 오염, 흡착분자막은 대기 중으로부터의 흡착층, 금속산화막이란 금속면이 공기 중의 산소와 화합하여 생긴 층, 가공변질층이란 깎거나 연마했기 때문에 금속의 결정입자가 미세화하여 일반적으로 소지보다 딱딱하게 되어 있는 층이다.

거시적인 관점에 대해 미시적, 즉 분자론적 입장에선 관점이 있다. 이것은 분자론적으로 보았을 때 표면이 내부와 어떻게 다르냐를 말하는 것이다. 보통 관찰되는 표면에는 액체와 고체가 있는데 유동적이고 고정적인 것의 차이는 있을망정, 그것은 양자를 구성하는 분자나 원자 상호 분자 간의 힘, 원자 간 힘의 크기 차이에 불과한 것이고, 표면이 에너지를 갖고 있다는 점에서 본질적으로는 같다고 생각해도 된다. 고체 표면은 언뜻

보기에 고정적이어서 말하자면 「죽어 있는」 것처럼 보이지만, 액체 표면과 마찬가지로 「살아 있는」 것이다. 「살아 있다」라는 것, 즉 표면이 에너지를 가지고 있는 것의 가장 좋은 증거는 표면장력이다.

표면장력

〈그림 4-3〉은 수면 근처의 물 분자가 갖는 인력(引力)을 모형으로 나타낸 것이다. 각 분자는 사방의 분자로부터 인력을 받고 있다(그 인력 및 거리는 수 Å에 불과하다). 표면에 위치한 분자 a는 내부에 있는 물 분자로부터 인력을 받지만, 표면의 바깥으로부터는 인력을 받지 않는다(실제는 공기 속의 기체 분자로부터 약간은 받지만, 지극히 작다). 따라서 이 분자는 인력의 총합으로서 강하게 내부로 끌어당겨지고 있다. c는 사방의 물 분자로부터 평등하게 인력을 받기 때문에 총합은 제로이고, 표면에 가까운 b는 a보다

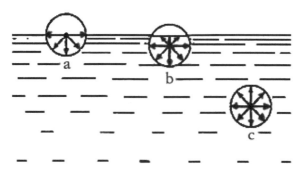

원은 분자의 인력 및 범위를 나타낸다

그림 4-3 | 물의 표면 근처의 물 분자에 작용하는 인력

약간 작은 힘으로 내부로 끌어당겨지고 있다. 이처럼 표면 근처의 분자가 내부로 끌리고 있는 결과, 예를 들면 빗방울이 공기 속을 낙하할 때 구형이 되는 것이며, 표면이 부단히 수축하려 한다는 점에서, 표면에 탄성이 있는 막이 펼쳐져 있는 것과 똑같다고 생각할 수 있는 것이다.

고체의 경우에는 표면장력이 훨씬 크지만, 내부의 구성 원자, 분자 등이 액체와는 달리 강한 응집에너지를 가지고 결정 등을 만들고 있기 때문에 액체와 같이 표면장력만으로는 변형이 어렵다. 그러나 예를 들면 콜타르를 증류한 후의 앙금인 피치 등은 고체이기는 하지만 오래 방치하면 적어도 모서리 부분이 둥글어지는 것은 주지의 사실이다. 표면의 분자가 느리기는 하지만 내부로 끌어당겨지고 있다는 증거다.

지금 물 표면에 있는 분자가 수면 밖의 공기 분자로부터는 거의 끌어당겨지지 않는다고 말했는데, 공기 대신 다른 고체와 접촉하면 이야기가 조금 달라진다. 앞에서 말한 표면장력은 계면(界面)의 상대 물질이 공기인

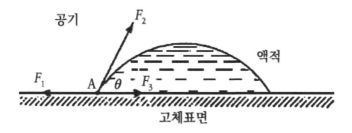

액적은 $F_1 = F_2\cos\theta + F_3$으로 평형을 이루고 있다

그림 4-4 | 액체에 작용하는 계면장력의 평형

것을 전제로 하고 있는데, 이 경우의 장력—일반적으로 말하면 표면장력—은 상대 물질에 따라 다르게 되는 것이다.

지금 일반적으로 고체와 공기 사이에서 F_1, 액체와 공기 사이에서 F_2, 고체와 액체 사이에서는 F_3이라는 계면장력이 각각 작용하고 있다고 한다면, 예를 들어 〈그림 4-4〉와 같은 형태로 각 계면장력이 균형을 이루어 액적은 안정되어 있을 것이다. 그러므로 예를 들면 깨끗한 금속면 등에서는 일반적으로 표면장력 F_1이 크기 때문에 액적은 더욱 확산되고 수은처럼 표면장력 F_2가 큰 것은 액적이 수축해서 구형이 된다. 전자가 고체 표면의 이른바 젖기 쉽다는 것, 후자는 젖기 어렵다는 원리에 결부되는 것이다. 지금은 고체면 위의 액적에 대해서 말했지만, 액체 표면에 떨어뜨린 다른 액의 확산에 대해서도 거의 같다고 말할 수 있다. 이것이 뒤에서 설명하는 수면 위 기름의 확산과 결부된다.

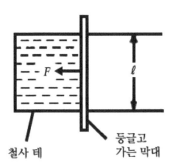

그림 4-5 | 표면장력의 실험

꽤 추상적인 이야기가 되어버렸지만, 표면장력의 존재는 실감으로서도 쉽게 이해할 수 있다. 비누 거품을 대막대기 끝으로 부풀린 뒤 막대기를 입에서 떼면 비누 거품이 부푼 고무풍선처럼 오므라드는 것은 누구나 경험했을 것이다. 더 실감적으로 알 수 있는 것은, 철사를 〈그림 4-5〉처럼 「ㄱ」자형으로 구부리고 그림과 같이 둥글고 가느다란 막대를 걸치고 그 사이에 생긴 네모난 틀에 비누액의 막을 친 후, 손으로 가느다란 막대를 움직여 4각막의 면적을 넓힌 순간에 가느다란 막대를 손에서 놓으면, 가느다란 막대는 막에 끌려서 마치 고무막에 끌어당겨지는 것처럼 원위치로 돌아간다. 이때 가느다란 막대에 작용하는 힘을 F, 가느다란 막대를 걸친 길이를 ℓ, 가느다란 막대의 단위 길이에 대해 한 장의 막이 끌어당기는 힘을 γ라 하면 막은 안팎 두 장이기 때문에 다음 식으로 나타낼 수 있고, γ가 표면장력이 된다.

$F=2\ell\gamma$ ……… 〈수식 4-1〉

그러므로 표면장력의 단위는 dyn(다인)/㎝의 형태가 된다.

액체 표면 근방의 분자가 표면적을 적게 하듯이, 수축하도록 작용한다는 것은 표면이 내부에 비해 높은 에너지를 갖기 때문이다. 그 크기는 〈그림 4-5〉에서 가느다란 막대를 평균력 F에 대항하여 1㎝를 움직이게 하기 위한 일을 W라 하면

$W=F\times1㎝=2\ell\gamma\times1㎝$ ……… 〈수식 4-2〉

가 되기 때문에, 이때의 γ의 단위는 dyn·㎝/㎠가 되고 γ는 막의 단위면적당 에너지라고 고쳐 읽을 수 있다. 즉 표면은 내부에 비해 γ dyn·㎝/㎠만

큼 과잉에너지를 갖는다는 것을 의미하고 이것을 표면에너지라 부르고
있다.

브랜디 글라스의 수수께끼

표면장력에 관계가 있는 유명한 고전적 과제가 있다. 양주를 즐기는
독자는 알아챘을 것이라고 생각한다. 포도주나 브랜디를 글라스에 따라
안쪽을 적셔보면, 글라스 안쪽을 포도주나 브랜디가 기어 올라간다는 것
이다. 거기까지는 물이 모세관을 기어오르는 것과 같아 이상할 것이 없지
만 잠시 가만히 바라보고 있으면, 기어 올라간 술이 몇 가닥 줄이 되어 유
리창을 타고 떨어지는 빗방울처럼 다시 본래의 자리로 되돌아간다는 것
이다. 정말로 아름다운 순환이다. 그 향기 높은 브랜디의 폭포 밑에 소형
수력발전기를 설치하면, 과거의 어떤 것보다도 더 우아한 영구발전—영
구운동—이 가능할 듯이 보인다.

이 현상에 대해서는 제임스 톰슨(J. Thomson) 교수의 설이 전해지고
있다. 포도주도 브랜디도 주성분은 알코올과 물인데, 알코올의 표면장력
(γ=23dyn/cm)이 물의 표면장력(γ=73dyn/cm) 보다 훨씬 낮고, 또한 알코올이
물보다 증발하기 쉬운 것이 키포인트라고 한다. 즉 포도주나 브랜디가 글
라스의 안쪽을 기어오르면, 글라스 벽에 부착한 곳은 막이 얇으므로 알코
올 성분이 쉽게 증발하여 물에 가까운 막으로 남는다. 물은 그 큰 표면장
력으로 글라스 안의 술을 끌어올린다. 기어오른 술은 알코올 성분을 잃어
물에 가까워지면 표면장력이 평형을 잃어 흘러내리고, 적당히 집결하여

물방울이 되어서 떨어진다. 즉 이 브랜디 글라스 발전소의 동력은 두 성분 계통의 액체 증발을 이용한 열기관이었다.

이상에서 고체 표면의 형상과 구조, 고체·액체에서 표면장력(표면에너지)의 의미, 마지막으로 표면장력을 매개로 한 양자의 상호작용에 대하여 설명했다. 이들의 현상과 상호작용은 곧 다음 절에서 마찰과 윤활의 메커니즘을 설명할 때 전제가 되는 것이다.

2. 건조한 고체 표면의 마찰

접촉이라는 것

앞 절에서 보통의 고체 표면이 각종의 제3물질의 막으로 덮여 있다는 것을 설명했다. 이것들은 고체의 재질 자체가 아니라는 의미이고, 넓게는 오염된 막이라고 해도 된다. 그 두께는 표면에서부터 산화막까지 수백 Å (1μm의 수십 분의 1)이라는 매우 얇은 것이지만, 마찰이 고체와 고체 사이 접촉면의 현상이기 때문에, 이들 층이 바깥 면 사이에 끼워지면 그것이 일종의 윤활막의 작용을 하여, 목적하는 재질 간의 마찰과는 매우 다른 마찰현상이나 마찰력을 나타내는 것이다.

그러나 이런 종류의 오염막을 완전히 없애는 것은 대기 중에서는 불가능하다는 것과 특수 장치를 사용하여 거의 완전하게 깨끗한 고체 표면의 마찰을 해도 그것은 대기 중 마찰현상을 널리 다루고 있는 현실적인 입장에서는 오히려 특수현상이라고 할 수 있다. 즉 이른바 쿨롱의 법칙 자체가 대기 중의 고체의 마찰에 관해서 유도된 법칙인 것 등으로부터, 여기에서는 먼저 「대기 중에서 깨끗」한 표면의 마찰에 대하여 생각하기로 한다. 그리고 마찰의 메커니즘 자체의 연구라든가, 고진공조건(高眞空條件)을 특히 필요로 하는 경우가 생겼을 때 한해서, 정말로 깨끗한 고체 표면의 마찰에 대해 언급하기로 하자.

우선 마찰하기 전에 접촉이라는 현상에 대해 생각해보자. 앞 절에서 말했듯이 어떠한 표면가공, 표면처리를 하더라도 표면에는 요철이 남아 있다. 이러한 두 면을 마주 보게 해서 눌러 붙였을 때 어떤 현상이 일어날까? 기하학적 평면을 서로 눌러 붙이면, 물론 모든 면이 접촉한다. 한쪽에 요철이 있고 다른 쪽이 기하학적 평면이라면, 접촉부에 변형이 없는 한 세 점밖에는 접촉하지 않을 것이다. 왜냐하면 완전히 같은 높이의 돌출부는 없을 것이기 때문이다. 양쪽 면에 요철이 있으면 약간 복잡한 맞물림을 하겠지만 그래도 접촉점이 그렇게 많이 생긴다고는 생각할 수 없다.

이 고체 표면의 접촉 이미지로서, 일찍이 케임브리지의 파이 박사가 「스위스를 마터호른이나 아이거와 함께 뒤집어서, 히말라야산계(山系)에 덮어씌운 것과 같은 상태」를 연상하면 된다고 말한 것은, 더할 나위 없이 적절한 표현이다. 요컨대 중요한 점은 요철이 있는 면은 외관상으로는 넓은 면적이 닿아 있어도 실제로 접촉하고 있는 면적은 미미하다는 것이다.

이것은 접촉의 메커니즘, 나아가서는 마찰의 메커니즘을 추구하는 위에서 매우 중요한 개념으로서, 독일의 호름 박사 부부는 금세기 초부터 타계하기 몇 해 전까지 평생을 이 접촉의 메커니즘 구명에 심혈을 기울여, 위의 개념을 확고부동한 것으로 굳혔다. 필자가 2장에서 18세기 마찰의 개념 가운데서 20세기의 연구에 큰 공헌을 남긴 사람 중 하나로, 드 라이르의 접촉의 불연속성 개념을 지적한 것은, 그가 실제의 접촉 면적이 외관상의 면적과 거의 무관한 다른 개념이라는 것을 재빨리 간파하고 있었기 때문이었다.

외관상의 접촉과 진실접촉

진짜 접촉 면적—진실 접촉면적이라 부른다—이 외관상 접촉면적에 비해 얼마나 미미한 것인가를 가리키는 사진을 〈그림 4-6〉에 나타냈다. 흰 점이 진실 접촉점이고, 그것이 연삭(硏削)의 자국을 따라 점과 점으로밖에 접촉하고 있지 않다는 것, 더구나 흰 점의 전체 접촉 면적을 합해도 외관상 접촉면적의 극히 작은 부분에 불과하다는 것 등을 실감할 수 있다. 이 진실 접촉면적과 외관상 접촉면적의 비에 대해서는 이 밖의 여러 가지 방법으로 측정되고 있지만, 결론적으로 진실 접촉면적은 압력의 크기에 따라 외관상 접촉면적의 수백 분의 1에서 수만 분의 1에 불과하다는 것이 상식이다.

그림 4-6 | 카본 전이법으로 관찰한 진실 접촉점의 분포

요철설과 응착설

이상과 같이 두 고체 표면의 진실 접촉점은 성글지만, 또 개개의 접촉점의 접촉 방법에도 대별하여 두 가지가 있다.

⑴ 두 면의 요철 부위가 주로 서로 맞물린 상태로 접촉한다고 생각한
경우(그림 4-7).

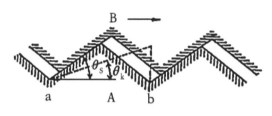

그림 4-7 | 요철설에 의한 마찰의 모형

A, B 두 면의 요철이 빗면을 따라 맞물리고 있다고 하자. A를 고정하고 B를 화살표 방향으로 미끄러지게 한다면, B는 빗면을 따라 들어 올려지는 것이 되므로 1장에서 말한 빗면의 마찰과 똑같이 생각하여 정지마찰계수 μ_s는

$\mu_s = \tan\theta_s$ ········ 〈수식 4-3〉

이다. 운동마찰계수에 관해서는 B가 요철의 1피치 a, b를 수평으로 미끄러져 가는 사이에 요철의 높이만큼 B를 들어 올리면 되기 때문에

$\tan\theta_k = (\tan\theta_s)/2$ 이다.

따라서

$$\mu_k = \tan\theta_k = \frac{\mu_s}{2} \quad \cdots\cdots\cdots \langle \text{수식 } 4\text{-}4\rangle$$

이다.

이 두 식은 마찰이 두 면의 요철 형상만으로 정해진다는 생각에 따른 입장이고 앞에서 언급한 오일러가 유도한 것이다. 그리고 18세기의 프랑스의 요철설을 저지하는 사람들을 비롯해서 쿨롱도 모형적으로는 거의 이 사고방식을 취하고 있었다. 이것을 요철설이라 부르고 있다.

⑵ 주로 두 면의 요철부가 서로 돌출부에 눌러 붙여진 상태에서 접촉한다고 생각한 경우(그림 4-8).

이때는 A, B 두 면이 봉우리와 봉우리로 접촉한다. 앞에서 말했듯이, 이 진실 접촉부의 면적은 외관상 접촉면적의 수백 분의 1에서 수만 분의 1밖에 되지 않기 때문에 예를 들어 외관상의 접촉압력이 수 kg/㎠라는 낮은 값이더라도, 이 봉우리와 봉우리의 진실접촉압력은 수백 내지 수만kg/㎠라는 매우 높은 값이 된다. 그 때문에 봉우리의 뾰족한 선단은, 보통 그

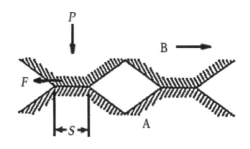

그림 4-8 | 응착설에 의한 마찰의 모형

탄성한계를 훨씬 넘어서 소성적(塑性的)으로 유동을 일으키고 각 봉우리는 평균적으로 면적 S로 접촉하게 된다. 이 면적 S 내에서는 높은 압력과 변형 때문에 거의 오염막은 파괴, 박리, 또는 관통되어 A, B 고체 자체의 강한 응착―원자적인 부착이라 보아도 된다―이 일어난다. 이 상태에서 B를 화살표 방향으로 미끄러지게 하면, 응착 면적 또는 그 근방의 약한 단면이 전단으로 조각조각 끊긴다.

지금 하나의 봉우리에 걸리는 평균 하중을 P, 전단으로 끊기는 힘(마찰력)을 F, 재료의 유동하는 압력을 p, 재료의 전단에 대항하는 강도를 τ 라고 하면, 접촉 면적 S 및 마찰력 F는

$$S = \frac{P}{p}, \ F = \tau S$$

이기 때문에 마찰계수 μ는 이 두 식으로부터

$$\mu = \frac{F}{P} = \frac{\tau}{p} \ \cdots\cdots\cdots \langle수식 \ 4\text{-}5 \rangle$$

로 나타낼 수 있다.

이처럼 접촉면이 접촉부에서 응착을 일으키고, 그 부분의 전단력이 마찰력의 본질적이라는 사고방식을 응착설이라 부르고 있다. 응착설에서는 접촉부에서 응착현상이 일어나는 것이 하나의 전제로 되어 있는데 앞에서 액체에 대해서 언급한 표면에너지의 개념이 마찬가지로 고체 표면에 대해서도 성립하는 것의 결과인 것은 물론이다. 즉 고체 표면의 원자, 분자의 인력권 내에 상대 면의 원자, 분자가 접근하거나 멀어지는 사이

에 양자 간 에너지 손실이 생긴다. 그러므로 고체 표면은 오염 등 흡착 물질의 막이 없는 깨끗한 경우일수록 표면에너지는 높은 상태에 있으며, 따라서 상대 면과의 응착이 강하고 전단력, 따라서 마찰력도 높게 나타나는 것이다. 고체 표면의 요철 형상에는 전혀 영향을 미치지 않는 분자막 정도의 오염이 마찰에 크게 영향을 미친다는 사실은, 응착설의 강한 지주의 하나로 되어 있다. 응착설에 의한 μ_s와 μ_k의 개개를 나타내는 식은 없지만, 보통은 속도가 증가하면 흡착 물질의 막이 마찰 표면 사이에 쐐기와 같은 작용으로 끼기 쉬워지고, 그 때문에 마찰에 차이가 있다고 말하고 있다.

두 설의 검증

요철설에 의한 마찰계수의 〈수식 4-3〉, 〈수식 4-4〉와 응착설의 〈수식 4-5〉 중 어느 쪽이 마찰의 원인을 정확하게 알아맞히고 있을까? 응착설의 입장에서 마찰계수를 〈수식 4-5〉의 형태로 나타낸 것은, 앞에서 말한 흐름이다. 그것은 20세기 초의 일로, 쿨롱 이래 그리고 영국의 데자귈리에가 마찰의 분자설을 예언적으로 주장한 이래, 100여 년을 지나고서 나온 것이다. 어느 식이나 다 쿨롱 법칙의 골격—μ가 하중의 크기에 무관한 상수라는 것과 외관상 접촉 면적과 무관하다는 것—을 증명하고 있다. 다만 마찰의 제1원인으로서 양자가 들고 있는 인자는 너무나도 비타협적이다. 한쪽은 요철의 형상, 다른 한쪽은 재료의 물성인 기계적 성질만으로써 마찰계수가 정해진다는 것이다. 양자의 주장을 거꾸로 표현하면 전자는 재료의 성질은 마찰에는 관계가 없다고 말하고, 후자는 마찰면의 요철이나 마무리 상태는 마찰에는 영향을 미치지 않는다고 주장하고 있다.

구체적으로 두 설에 의한 마찰계수의 계산치를 알아보자.

우선 요철설에 관해서 각종 기계의 마무리 면의 요철 형상을 실측하고 (〈그림 4-1〉 참조), 그것으로부터 빗면의 평균 각도 θ를 구하면, 6~26도가 되었다. 그래서 이 각도로부터 요철설의 입장에서 〈수식 4-3〉을 사용하여 μ_s를 구하면 μ_s=0.105~0.488(평균 약 0.3)이 되어 고체의 실제 값으로는 썩 좋은 숫자가 얻어진다.

다음에는 응착설을 알아보자. 구리나 철과 같은 소성 재료에서는 압입경도(예를 들면 부리넬경도나 비커스경도로서, 재료의 유동압력 p와 같다)는 일반적으로 인장 강도의 거의 3배라는 것이 알려져 있기 때문에 가령 지금 인장 강도와 전단 강도 τ를 같다고 한다면 〈수식 4-5〉에 의해 μ=1/3=0.33이 된다. 만약 보통 생각하던 것처럼 재료는 전단에 대해서는 인장에 대한 것보다 약간 약하다고 하여 τ를 10% 작게 취하면 μ=0.3이 되어, 요철설의 결과와 완전히 같은 값이 나온다. 어느 설을 취했든 간에 숫자에서는 양자택일의 결론은 얻을 수 없는 것이다.

어떠한 새로운 주장도 더구나 그것이 진짜로 옳은 주장이라고 하더라도 받아들여지기까지는 오랜 논쟁과 세월을 필요로 한다. 현재 시점에서 마찰의 논리를 이해하려는 사람은 물론 갑자기 응착설의 논리에 근거를 찾을 것이고, 마찰의 연구를 시작하려는 사람도 응착설을 기점으로 장래의 연구를 전개하여 요철설로부터 응착설에 이르는 논리 전개의 역사는 잊히고 말 것이다. 그러나 이 책에서 필자는 마찰이론의 발전에 관한 과학사적 고증(考證)을, 여하간 누군가가 시도할 필요가 있다는 생각에서, 2장에서 이미 상당한 지면을 할애하여 요철설이 완성되기까지의 역사를 썼다. 그래서 이하, 요철설로부터 현대의 응착설이 거의 확립하기까지의 역사, 말하자면 마찰의 근대사에 대해 덧붙여 쓰기로 한다. 그것은 현재의 마찰 논리를 역사의 가지를 통해서 결과만을 늘어놓은 방석요리로서가 아니라, 껍질도 뼈도 갖춘 전체적인 요리로서 이해해주었으면 싶다. 2장의 계속인 동시에 그것이 현재의 마찰이론을 설명하는 가장 좋은 방법이라고 생각하기 때문이다.

3. 깨끗한 고체 표면의 마찰 — 응착설의 발전

19세기의 마찰 연구

레오나르도로부터 18세기 쿨롱에 이르는 300년간의 마찰 연구 역사는 마찰법칙을 중심으로 발전해 왔다. 사람들은 올바른 마찰법칙을 추구하여 실험에 실험을 거듭하여 쿨롱에 이르러 겨우 하나의 결착, 결론을 얻었다는 것은 2장에서 설명했다. 당시 연구자들에게 마찰의 논리는 둘째였다. 사실 속에서부터 법칙성을 끄집어내기 위해 논의를 거듭했다. 요철설의 논리는 당시 결코 적극적으로 그것을 뒷받침하는 사실이나 실험을 기초로 해서 이끌어진 것은 아니다. 오히려 요철에 원인을 돌리는 수밖에는 설명할 길이 없었다는 것이 진상이었다고 필자는 생각하고 있다.

쿨롱으로부터 100년, 19세기 말까지 유럽의 기계공업은 영국에서의 산업혁명, 그 대륙으로의 파급, 자본주의 생산의 발달에 의해 극도로 발전했다. 그중에서 마찰 연구는 여전히 계속되고 있었다. 5장에서 언급할 레이놀즈의 슬라이딩 베어링의 유체마찰에 관한 역사적 연구는 이런 환경 속에서 태어난 것이었다. 이 사이 고체 마찰 연구도 계속되고 있었지만, 이 100년간은 마찰 연구에 관한 한 그 실험법칙은 거의 확립이 끝나고, 더구나 마찰법칙의 논리를 추구하고 마찰현상의 해석을 분명히 하기에는 아직 학술적, 기술적 조건이 갖춰지지 않았던 시대였다.

예를 들면 레니(G. Rennie)는 쿨롱 법칙의 성립 범위를 조사하여 어떤 압력 이상이 되면 보다 큰 마찰계수로 옮겨간다고 말했다. 마찰은 그 과정에서 요철이 파괴되는 것을 생각하지 않으면 해석할 수 없다는 중요한 지적을 하고 있다.

이미 드 라 이르는 요철을 일종의 용수철로 바꿔놓고 마찰력은 그 탄성변형에 대한 저항으로서 해석하려 시도했었지만, 부분적으로는 요철의 변형이나 파괴를 인정하지 않으면 비가역(非可逆) 현상으로서의 마찰을 설명할 수 없었다. 이에 대해 레니가 마찰을 단순한 비가역 현상으로서만 아니라, 표면의 파괴 현상으로서 파악했던 것은 마찰과 마모를 동일 현상의 단순한 겉과 뒤의 현상으로 파악한 점에서 지극히 근대적이었다.

모랭(A. J. Morin)은 레니와 함께 매우 폭넓은 마찰 실험을 하여 많은 마찰계수의 값을 얻어 실용에 도움을 주고 있고, 이들 데이터는 오늘날에도 자주 인용, 이용되고 있다.

히른(G. A. Hirn)은 윤활한 고체 표면의 각종 조건 아래서의 마찰계수를 여러 가지로 측정하여 윤활의 영향을 조사하고 있다. 윤활의 영향이 차츰 크게 거론되게 된 것은 이 시대의 특징 중 하나이다. 수공업이 완전히 소멸하고 대공업이 새로이 일어나고 있는 시대적 배경 속에서 기계 마찰 부분의 윤활 문제가 적극적으로 추진되고 있었다는 것의 발현이기도 했다.

19세기 후반이 되어 서스턴(R. H. Thurston)이 나타난다. 아마 윤활에 적극적인 의미를 부여한 최초의 인물일 것이다. 그는 기계의 마찰을 줄이는 데 윤활유의 성질이 매우 중요한 역할을 하고 있다고 믿고, 여러 가지 윤활유의 마찰계수를 측정하는 기계를 만들어, 그것으로 각종 마찰 실험을 했다. 서스턴의 기름시험기는 역사적인 것으로 현재는 의미를 잃었지만, 필자가 대학에 남아 공부하고 있던 무렵에는 선배가 사용한 잔해가 아직 뒹굴고 있었다.

위에서 간단하게 열거한 연구자들은 모두 19세기를 대표할 만한 가치가 있는 사람들이다. 그러나 그 대부분은 아몽통, 쿨롱의 마찰법칙의 기초 다짐과 확장, 마찰계수 실용치의 추구 등이었다. 굳이 쿨롱 이후의 새로운 진보, 진전이라고 말한다면 윤활 개념의 확립에 한 걸음씩 접근하고 있었다는 사실일 것이다. 서스턴의 시대에는 이미 베어링 등의 윤활에 대해서는 수많은 실험이 이루어져 있었고, 그 후 1886년에는 드디어 레이놀즈의 윤활이론의 대논문이 발표되었다.

분자설의 재인식

이리하여 결국 19세기는 고체의 마찰에 관한 아몽통, 쿨롱의 요철설에서 두드러진 진전도 없이 끝나려 하고 있었다. 그러나 19세기도 마지막에 다다를 무렵, 마찰법칙의 해석에 관해서 다시 영국에서 새로운 바람이 일어났다. 2장에서 이미 언급한 데자귈리에 분자설의 재인식이다. 데자귈리에의 주장은 반쯤은 예언적이라고 필자는 말했으나 이번에는 사정이 달랐다. 요철설에서부터 100년이 지났고 요철설은 이미 수많은 모순을 드러내고 있었다. 쿨롱의 시대에는 요철설을 누구나 믿으면서도 그 근거에는 적극적인 것이 결여되어 있었다. 데자귈리에의 분자설도 적극적인 지지자는 적었다. 당시 과학기술의 수준으로 말하면, 가령 양자를 대결시

켜도 서로를 비방하는 추잡한 싸움으로는 되었을망정 결말을 지을 수 있는 가망성은 전혀 없었다.

그러나 겨우 시기는 무르익고 있었다. 이윽고 20세기이다. 19세기까지의 마찰 논쟁이 마찰법칙의 「확립」을 위해 이루어졌다면 20세기의 논쟁은 마찰법칙의 「해석」을 둘러싸고 이루어지려 하고 있었다. 그리고 그 해석의 거점이 되었던 양 진영이, 한쪽은 전통적인 요철설, 다른 한쪽은 신흥의 응착설—분자설의 발전—이었던 것은 물론이다. 더구나 이 논쟁 중에서 「깨끗한 고체 표면의 마찰」이 중요한 키포인트를 이루고 있었다.

데자귈리에 이후, 19세기 후반까지 100여 년 사이에 데자귈리에의 견해에 가세한 것은 같은 영국의 물리학자 빈스(S. Vince, 1749~1821) 정도였다. 빈스는 자신의 마찰 실험의 결과로부터 쿨롱의 마찰식 〈수식 2-7〉과 거의 같은 식을 얻었는데 이 식의 해석은 두 사람이 같지 않았다. 이 식 속의 상수 A가 일종의 부착력·점착력인 것은 쿨롱도 인정하고 있었는데 쿨롱은 어디까지나 이 부착력은 마찰력 중의 보조적, 우연적인 것이라 하여 원칙적으로 경시하여 무시하고 있었다. 이것에 대해 빈스는 외관상의 마찰력 중에는 하중에 비례하는 진짜 「마찰력」(〈수식 2-7〉 속의 μ_1, P)과 하중과 무관한 「부착력」의 두 가지가 있다고 확실히 구별했다. 부착력이 마찰 안에서 불필요한 존재라는 입장에서부터 명예를 회복하고, 힘으로서의 독립적 의미가 부여된 것은 빈스의 덕택이다.

오늘날 흙의 역학 분야에서 토사 안정에 관해 쿨롱의 법칙으로서 〈수식 2-7〉이 사용되고, 그 속에서 A는 점착력으로서 중요한 의의가 부여되어 있는데, 점착력의 의의를 확립한 공적이라는 점에서는 쿨롱보다 오히려 빈스에게 돌려야 할지도 모른다. 쿨롱은 빈스와 같은 시대 사람이다. 따라서 그는 데자귈리에의 분자설은 알고 있었다고 생각된다. 그러나 그것에 가담하지는 않았다. 마찰력은 하중에 사실로서 비례하는데도 부착력은 면적에 비례해야 한다. 그러므로 분자설에 바탕하는 부착력은 마찰력과는 관계가 없는 힘이라고 했다.

데자귈리에의 분자설에 처음으로 강력한 지지가 주어진 것은 20세기에 들어서다. 유잉은 처음으로 마찰에 의한 에너지 손실은, 요철의 상하가 아니라 고체 표면의 분자 인력장의 상호 간섭에 의한 것이라고 설명하고, 이것은 후에 톰린슨(G. A. Tomlinson)에 의해 정식화되었다. 그것은 쿨롱 법칙을 분자론적 입장에서 증명하고, 또 정식화했다는 점에서 역사적인 것이다. 그러나 데자귈리에에 의해 착상된 마찰의 분자설이 산더미처럼 쌓인 실험 데이터에 의해 확고한 기반을 얻게 된 것은 하디 경의 힘에 의한 것이다.

하디는 19세기 말부터 20세기 초에 걸쳐 영국에서 활동한 세포학자이다. 그의 논문집을 보면 세포학 관계의 연구에 착수하여 점차 세포액의 삼투 연구로 옮겨가 세포막 계면의 액체 농도 연구에서부터 계면 농도의 측정 방법으로서의 마찰 측정, 그리고 만년에는 마찰윤활의 메커니즘 자체로의 연구로 그의 관심이 필연적으로 옮겨가게 된 과정을 잘 알 수 있다.

하디는 마찰현상의 해석에 관해서 데자귈리에, 유잉의 분자론적 입장을 취했다. 이 두 선배는 분자론적 입장에서 강력한 발언을 하면서도 그것을 완전하게 실증할 수 없었다. 거기에는 전에도 언급했듯이 기술상의 이유가 있었다. 당시의 기술로는 말하자면 요철설, 응착설의 자웅을 결정하는 무대를 만들 수가 없었다. 필자는 이 무대의 준비에는 두 가지 소도구가 필요했었다고 생각한다. 하나는 표면의 마무리 기술, 다른 하나는 고체 표면의 청정화 기술이다. 20세기로 들어와서 지금은 공작 기술의 진보에 의해 표면 마무리는 충분히 할 수 있고, 전자관 공학의 발달에 의해 진공 기술, 바꿔 말하면 청정 환경을 만드는 기술도 일단 단계에 도달했다.

응착설의 논리

그러면 요철설에 대한 대립 명제로서의 응착설은 어떤 사실에 논거를 두고 주장했던가, 그 두세 가지를 구체적으로 설명하겠다.

첫째는, 표면의 요철의 영향에 관한 문제이다. 이것은 데자귈리에가 표면의 요철을 작게 해가면 멀지 않아 두 면의 표면 분자는 서로의 분자 간 힘, 원자 간 힘의 인력권 내에 들어가고, 둘 사이에 강한 응착이 생기고, 그것이 마찰력으로서 나타날 것이라고 예언하면서도 실증하지 못하고 끝난 역사적인 테마이다.

1919년과 1920년의 논문에서 하디는 충분히 세정한 유리면의 마찰 시험으로부터 중요한 발언을 했다. 렌즈만큼 잘 연마한 표면과 거칠게 마무리한 표면에서, 마찰이 거의 같기는커녕 잘 연마한 쪽이 크다고 하는 것이다. 더구나 마찰의 흔적은 상처가 처음 $1\mu m$ 정도 너비의 것이, 마찰 중에 차츰 발달하여 $50\mu m$ 정도로 증대했다고 말하고 있다. 이것은 두 가지 중요한 의미가 있다. 전자의 사실은 요철설의 부정, 후자는 마찰이 단순한 분자 간 힘의 불연속적 교차에 의한 에너지 손실의 문제가 아니라 분자 간의 힘에 기인하여 표면의 파괴를 유도하는 재료학적 현상이라는 것을 증명한 점이다. 요컨대 이 두 가지 사실은 요철설에 의한 마찰현상의 모형적인 식(〈수식 4-3〉, 〈수식 4-4〉)을 정면으로 부정하고 있다.

둘째는 마찰면 오염의 영향에 관한 문제이다. 표면 요철의 영향은 오염의 영향을 제거, 관리하지 않는다면 논의될 수 없다. 하디가 유리를 많은 실험에 이용한 이유 중 하나는 유리가 공기 중의 산소와 반응하여 산소막을 만들 수 없기 때문이었지만, 그는 표면의 세정에는 매우 신경을 썼다. 이른바 손 씻기의 방법이라 일컫는다. 비눗물을 사용하여 손끝을 잘 씻은 후, 다량의 수돗물(오늘날 도시의 수돗물은 칼키 등의 불순물이 많아 좋지 않다)로 충분히 씻는 방법은 그의 발명이고, 깨끗해진 검증으로서 핑거볼을 손가락으로 문질렀을 때 울리는 정도라 한 것도 그의 설명이다. 후자의 현상에 대해서는 데라다 선생님도 앞에서 든 수필 속에 이 예를 들고 이유를 잘 알 수 없는 재미있는 마찰현상의 하나라고 말씀하고 있다.

이른바 세정이라 하면 곧 가솔린이나 알코올 등 휘발하기 쉬운 용제로 씻는 것을 생각하지만, 이것으로는 금속 등의 산화막은 떨어지지 않으며 용제 자체가 나중에 흡착, 새로운 오염막을 만든다. 대담하게 칼로 깎아낼 방법이 있지만, 내부의 깨끗한 표면이 대기 중에 드러나 몇 초 사이에 대기 중의 산소와 반응하여 다시 산화막이 형성된다. 산화막을 만들지 않더라도 대기 중의 기체가 다시 흡착하여 새로운 오염막을 만든다. 현재 가장 깨끗한 표면을 얻는 방법은 진공탱크 속에서 표면을 깎거나 가열하여 흡착 물질을 증발시키는 것 등이지만 상당히 귀찮은 방법이다. 진공이라 해도 완전 진공은 있을 수 없다. 그러나 10^{-8}mmHg의 진공탱크 속에서는 기체 분자의 수는 대기 중과 비교해 약 1천억 분의 1로 감소하기 때문에 기체 분자 흡착에 의한 오염의 영향은 아주 작아진다고 해도 된다. 사실 이 정도의 진공 속에서는 대기 중과 매우 다른 재미있는 마찰현상이 나타나는 것이다. 또 최근의 우주 기술 중에는 그 기계의 가동 부분이 더 높은 진공(10^{-13}mmHg 또는 그 이상)에 드러나는 것이 있다. 이러한 진공 중의 마찰 연구는 새로운 응용 기술의 분야가 되었다.

오염의 영향 문제는 오염막 자체가 일종의 흡착현상에 의하여 생성되는 것이라는 것, 또 오염막이 분자막 정도의 얇은 막이라는 것 등으로 해서 분자설이나 응착설의 입장에서는 특별히 중요한 과제이다. 이미 말했듯이 18세기 프랑스의 연구자들은 윤활유의 작용은 요철의 골짜기를 기름으로 메워 면을 매끈하게 하는 것으로 생각하고 있었는데, 요철은 대단히 좋은 마무리 면에서도 10^{-4}~10^{-5}mm 정도의 높낮음 차가 있다. 그것에 비교해 기름 분자의 길이는 10^{-6}mm 정도에 지나지 않기 때문에, 단분자막이라든가 그것에 가까운 얇은 막이 표면에 흡착되어 있을 정도에서는 요철에 사실상 관계가 없을 것이다. 높은 산에 수목이 자라든 아니든 산의 형상에는 변화가 없는 것과 같다. 더구나 고체 표면을 구성하는 분자나 원자의 인력이 미치는 범위는 분자나 원자의 격자 간격 이상의 것은 아니기 때문에 단분자막 정도의 흡착막이 두 면 사이에 개재하더라도 고체면 사이에 작용하는 분자 간의 힘, 원자 간의 힘은 큰 영향을 받을 것이다.

이 문제에 대한 초기의 대표적인 해답은 하디(1919년)와 호름(1936년)에 의해 주어졌다. 전자는 깨끗한 표면에 매우 다종다양한 액체화합물의 얇은 막을 주고 그것이 요철은 바뀌지 않았는데도 불구하고 어떻게 마찰계수의 저하에 도움을 주는가를 실증했다. 후자는 처음으로 진공 속에서 매우 깨끗한 표면의 마찰 실험을 하여 하디와는 반대로 고체 표면의 근소한 오염도 그것을 진공 속에서 가열하여 증발시켜 제거하면 그것만으로 마찰계수가 어떻게 증가하는가, 또 거기에 미량의 기체를 넣어 보내는 것만으로 그 기체 분자의 흡착에 의해 어떻게 마찰계수가 저하하는가를 분명하게 제시했다.

〈그림 4-9〉는 하디가 실험에 이용한 유리와 시계접시의 마찰측정 장

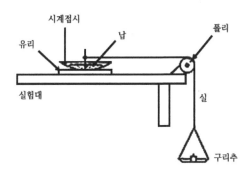

접촉면에 각종 윤활액을 얇게 도포하여 마찰계수를 측정하면
깨끗한 면의 1/2에서 1/10로 저하했다

그림 4-9 | 하디의 마찰측정 장치

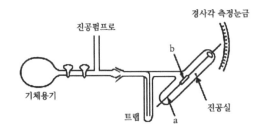

a와 b의 마찰을 경사법으로 측정한다. a는 니켈 등의 철사,
b는 작은 관. 기체용기에는 진공실에 송입한 기체를 봉입
해둔다. 철사에 전류를 통해서 1,000℃ 정도로 가열한 것
만으로 마찰계수는 10배 정도로 증대했다

그림 4-10 | 호름의 진공 내 마찰측정 장치

치이고, 〈그림 4-10〉은 호름의 초기 진공 내의 마찰측정 장치 스케치로
그 결과가 역사적 의의가 큰 데 반해서 준비가 모두 매우 간단한 것이었
다는 점에 주목하기를 바란다.

이들의 실험 결과, 요철의 변화에 의한 것보다도 훨씬 폭넓은 마찰계
수의 변화가 근소한 흡착막의 유무나 흡착막의 화학적 성질의 변화로써
나타난다는 것을 밝혀 요철설에 큰 타격을 주었던 것은 물론이다. 이른바
경계마찰의 개념이 확립된 것도 이것을 계기로 하고 있으며 이후 경계마
찰의 연구가 급속히 전개된다. 경계마찰에 관해서는 다음 절에서 설명하
겠다.

셋째는 요철설에 의하면 마찰면은 상대 면의 위를 미끄러져 가면서 중
력에 저항하여 상하 운동을 해야 한다. 물론 이 상하 운동의 움직임은 미

소한 것이다. 그러나 이것에 대해서 스트랑이 1949년에 실제로 이 마찰 중의 상하 운동을 측정하여 상하 운동의 일과 마찰 전체의 일의 비를 조사한 것이 있다. 그것에 따르면 그 값은 3~7%이고, 상하 운동의 일 손실은 거의 무시할 수 있는 정도임을 알았다. 이것도 또한 마찰에서 요철의 역할을 주역의 자리에서 끌어내리는 데 한몫하고 있다.

넷째는 면에 수직인 응착력 자체가 실제로 출현하느냐 하는 핵심 문제이다. 금방 이해할 수 있듯이 두 면을 눌러 붙였을 때, 만약 접촉면에 응착이라는 분자 간의 힘, 원자 간의 힘에 의한 부착현상이 발생하고, 그 결과로써 옆으로 끌었을 때 그 부분의 전단 저항력으로서 마찰력이 나타나는

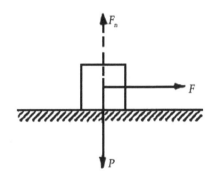

하중 P에 대해서 접촉면에 응착이 생겨 마찰력 F가
나타나면, 물체를 놓아둔 후 수직 방향으로 끌어올려
지면 응착력이 나타나야만 한다. 그러나 일반적으로
는 나타나지 않는다

그림 4-11 | 마찰력과 응착력의 모형

것이라고 한다면 눌러 붙인 뒤 두 면을 다시 수직으로 떼어놓아도 당연히 마찰력에 해당하는 어떤 힘, 응착력이 나타날 것이다(그림 4-11).

그런데 여러분의 일반 상식과 같이 옆으로 미끄러지게 하면 만물은 얼마간의 응착력을 나타내는데도 위로 들어 올려질 때 착 달라붙어서 물체가 떨어지지 않는 일은 없는 것이다.

이것은 응착설의 시조인 하디가 일찍부터 다루고 있던 어려운 문제였는데 동시에 요철설을 지지하는 사람들로부터 마지막까지 예리하게 반격을 받은 논거가 되기도 했다. 하디는 만년에 마찰 실험에서 떠나, 오로지 이 과제에만 몰두했지만 마찰과 응착을 고체 표면력장의 개념에서부터 설명하고자 한 오랜 노력은 끝내 결실을 맺지 못하고 고민하다가 1934년에 세상을 떠났다.

마찰에 의한 에너지 손실

생각해보면 마찰이 하는 일은 매우 이상한 에너지 손실이다. 본래 일이란 힘이 작용하는 방향과 반대 방향의 운동을 주었을 때 필요로 하는 에너지 손실이다. 그러므로 평면 위에 질량 m의 물체를 놓았을 때 그 물체에 작용하는 외력은 중력 방향(수직 방향)으로 mg이다. 정지 상태의 물체에서는 이것이 반력과 평형을 이루고 있다. 그러므로 이 물체를 수직 방향으로 중력에 대항하여 들어 올릴 때 일을 하는 것은 당연하다. 그러나 중력 방향에 대해 직각으로 움직이는 데에 힘이 필요하고, 일해야 한다고 하는 것은 어떤 것을 말하는 것일까? 이것은 분명히 마찰력이 움직이면 나타나고 정지하면 없어지는 묘한 힘이기 때문이다. 그렇다면 분자 간의 힘으로 두 면이 서로 강하게 끌어당기고 있을 때는 어떻게 될까? 완전히 똑같다. 분자 간 힘의 합력이 수직 방향인 한, 그것이 아무리 강하더라도 옆으로 미끄러지게 할 때 힘이나 일을 필요로 한다는 것의 설명으로는 되지 않는다. 그러므로 레슬리(J. Leslie, 1766~1832)는 데자귈리에의 분자설에 깊은 관심을 품으면서도, 이것을 거부했다. 마찰력이 출현하기 위해서는, 운동에 즈음하여 수평 방향으로 힘의 성분이 나타날 만한 원인이 없으면 안 된다고 생각했다. 그리고 결국은 요철설을 따랐다.

분자설이든 응착설이든 간에 마찰이 필요하게 되기 위해서는 마찰 방향으로 나타나는 힘이 없어서는 안 된다. 호름이나 톰린슨은 이것을 분자 원자의 인력장에서 그것들의 상대운동 중에 나타나는 힘 속에서 찾았다. 즉 〈그림 4-12〉에서 B면을 고정하고 그 표면을 A가 미끄러져 가는 것이라고 하자. A, B를 금속으로 하고, 그 표면에는 금속원자 a_1, a_2, …b_1, b_2,

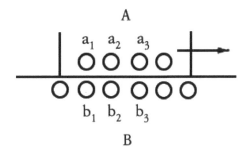

그림 4-12 | 마찰의 분자론적 모형

…가 정연하게 격자 모양으로 배열해 있다고 한다. 지금 a_1이 b_1과 마주 보고 평형된 위치에서부터 A의 운동과 함께 화살표 방향으로 이동하면 그 변위가 작을 때는 a_1b_1 사이에 탄성적인 힘이 작용하여 운동에 저항한다. 그러나 a_1이 b_1b_2의 중간점을 지나면 a_1b_2의 인력이 a_1b_1의 인력보다 커지고, 이윽고 b_1은 a_1의 인력으로부터 해방되어 원래의 위치로 돌아간다. b_1은 이때 가지고 있던 탄성에너지를 진동에너지로 바꾸어 결국 열로서 상실해버린다고 생각할 수 있다. 이 동작을 두 면의 각 원자가 반복할 때의 에너지 손실이 마찰일이라고 하는 것이다. 한마디로 말하면 원자의 운동 방향의 변위에 합리적으로 비가역 과정을 집어넣었다는 것이다.

응착력의 확인

이미 지금까지의 설명 중에서 여러 번 지적해두었던 한 가지 실험 사실을 상기해주기 바란다. 그것은 단순한 정성적 설명이었지만, 마찰에 의해 표면에 상처나 변형이 남는다는 것이다. 드 라 이르나 레니, 그 밖의 사람이 단순히 기록으로서 써서 남긴 더구나 중요한 사실이다. 또 한 가지의 중요한 사실은 데자귈리에의 납공의 응착실험이고 더 참가한다면 호름 등이 발견한 진공 속의 큰 마찰력과 마찰면의 부착현상이다. 이들 현상은 호름이 초기에 사용한 스마트한 분자론적 모형 등의 개념을 뛰어넘은 거시적인 현상이다.

〈그림 4-13〉은 순수한 구리면을 두세 가지 금속으로 대기 중에서 마찰했을 때 흔적의 사진인데 그 상처 자국이 심한 것을 봐주기 바란다. 일

(a) 구리 막대(선단구면, 반경 2mm)로 마찰,
   윤활 없음.
   같은 순금속의 마찰이고, 가장 상처가 심하다

(b) 구리 막대(선단구면, 반경 2mm)로 마찰,
   올레산에서 윤활.
   (a) 와 똑같은 조건이지만 윤활의 효과로
      상처가 적다

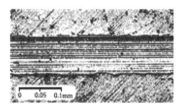

(c) 텅스텐(선단구면, 반경 2mm)으로 마찰,
   윤활유 없음.
   순금속끼리지만 이종이기 때문에 상처가 적다

그림 4-13 | 구리면의 마찰의 흔적(하중 400g, 속도 1mm/min)

반적으로 순금속의 마찰에서는 같은 금속 사이의 마찰은 다른 금속 사이의 마찰보다 크고, 합금 사이의 마찰은 순금속 사이의 마찰보다 작은 것이다. 이유는 응착력의 대소 차이라고 생각해도 좋지만, 분명히 마찰과 응착의 현상에는 분자론적인 일면 외에 또 하나의 새로운 면—재료학적·공학적인 면—을 가졌다는 것을 상상할 수 있다.

접촉현상에 이러한 거시적인 변형의 개념을 도입하면, 금속과 금속을 눌러 붙인 뒤, 마찰할 때는 응착이 생기고 눌러 붙이기만 하고 떼어낼 때는 응착이 일어나지 않는다는 제멋대로의 현상이 사실로 나타나는 것을 잘 설명할 수 있다. 즉 첫째 접촉면이 대기 중에서 매우 깨끗하더라도 거기에는 뭔가 오염된 막이 있기 때문에 단순히 눌러 붙인 것만으로는 응착이 일어나지 않는다. 그러나 마찰을 하면 접촉면 내에 거시적인 변형—특히 소성변형—이 생겨 오염된 막이 벗겨져 나가거나 파괴되어 깨끗한 표면이 드러난다. 그리고 그 때문에 응착이 생기기 쉬워진다.

둘째, 눌러 붙인 상태에서는 응착을 일으키고 있어도 단단한 재료의 경우에는 하중을 제거할 때 접촉면 부근의 탄성응력이 완화되기 때문에 그때 한 번 응착을 일으킨 부분도 완전히 하중이 제거되기 전에 탄성회복력으로 모두 파단하여 응착력은 표면에 나타나지 않는다는 것이다.

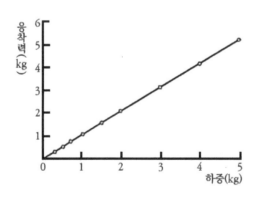

그림 4-14 | 1/8″의 강구와 인듐의 깨끗한 면 사이의 응착력

핑계 좋은 설명처럼 보이지만 그렇다면 부드러운 재료로 탄성회복이 거의 없는 것에서는 과연 수직 방향으로 응착력이 나타날 것인가? 그것에 대한 실험 결과의 한 예를 〈그림 4-14〉에 보였다. 인듐은 납과 비슷하고 더욱 부드러운 금속이지만 눌러 붙인 하중과 똑같은 힘으로 수직으로 끌어당기지 않으면 접촉면을 떼어놓을 수가 없었다.

진공 속의 깨끗한 표면에서 응착력이 멋지게 포착된다는 것은 물론이다. 깨끗한 금속면은 금방 만든 떡처럼 서로 달라붙기 쉬운 것이다.

이리하여 요철설에서 응착설로 돌려 마지막 난제도 거의 해결되고 근년에 이르러 겨우 응착설이 마찰의 원리로서 널리 인정받기에 이르렀다. 마찰현상의 기본 원리는 물리학, 화학, 재료공학과 공학의 종합 원리로써 조립되었다.

또 요철설은 그릇된 설로 폐기된 것이 아니라는 것도 첨가해두어야 한다. 사실 기본현상은 응착이더라도 그 응착에 의한 마찰 속에 표면의 요철 대소가 큰 영향을 미치고 있다. 응착에 의한 마찰현상의 설명 중에서 마찰면의 소성변형은 큰 역할을 하고 있는데, 이 소성변형(상처를 주는 것을 포함한다)의 일의 대소에 대해 요철은 직접 영향을 주며 특히 단단한 재료로 연한 재료를 마찰할 경우 등에는 영향이 크다.

요철설은 20세기에 들어와 폐기된 것도 사멸한 것도 아니다. 그것은 응착설 속에 새로이 의의가 부여되고 부활했다. 요철설과 그 반대 명제로서의 응착설은 50년간 논쟁을 거듭했지만 겨우 통합된 것으로서의 근대적인 응착설이 요철설을 포함하여 완성에 다가서고 있다고 보아도 된다.

4. 윤활된 고체 표면의 마찰

유체마찰과 경계마찰

윤활이란 어떤 것인가? 깨끗한 표면끼리의 마찰이 비정상적으로 크고, 그것이 두 면의 접촉부의 높은 압력과 변형에 기인하는 응착현상에 원인한다는 것은 이미 말했다. 그리고 대기의 성분을 이루는 약간의 기체 분자나 손의 오염이 부착되는 것만으로도 엄청난 차이로 마찰이 떨어진다는 것도 말했다. 보통 윤활은 마찰이나 마찰면의 상처, 마모 등을 막기 위해 어떠한 제3의 물질을 마찰면 사이에 부여하는 것이라고 이해되고 있는데, 그런 의미에서는 이러한 불가피한 표면의 오염도 일종의 윤활이다. 그러나 기계기술상의 윤활이란 어떤 제3물질을 어떠한 형태로 부여하면 가장 유효하게 마찰이나 마모를 줄일 수 있느냐라는 좀 더 적극적인 과학과 기술이다.

그런데 윤활에는 두 가지 기본적인 형태가 있다. 하나는 유체윤활로 이것은 마찰면이 엷은 유체막으로 격리된 상태, 즉 마찰면의 형상이나 윤활유의 점도 등을 적당하게 선택하여, 마찰할 때 두 면이 유체의 얇은 막(두께 10^{-4}mm 전후 이상)으로 격리되어 있는 상태이다. 이때의 마찰은 얇은 점성유체의 전단에 의해 생기는 것이기 때문에 그 크기는 고체의 마찰보다 일반적으로 훨씬 작고, 고체의 마모도 없다. 이 윤활 상태를 유체윤활, 이 상태의 마찰을 유체마찰이라 부르고 있다. 이것에 대해서는 5장에서 다시 언급하겠다.

둘째는 유체막이 매우 얇게 되어(예를 들면 접촉면에 걸리는 하중이 매우 크게 된 결과로서) 두 면이 그 표면에 흡착해 있는 액체 분자의 단분자막 전후의 두께가 매우 얇은 막(두께 10^{-6}㎜ 전후)으로 격리된 상태이다. 1장에서 말한 레일리의 찻잔의 마찰에 대한 윤활 상태는 이것에 속한다. 대기의 성분이 고체 표면에 흡착하여 만드는 기체분자막 등은 더욱 얇지만, 그 거동이나 윤활효과는 기본적으로는 액체분자막인 경우와 같다. 이때의 마찰은 유체마찰과는 달라서 개개 분자 또는 분자막끼리의 마찰로서 나타난다. 특히 긴 분자는 유연하여 휘어지기 쉽지만, 그 한쪽 끝은 고체 표면에 강하게 결합해 있기 때문에, 그 마찰에 대한 거동은 깨끗한 면의 마찰

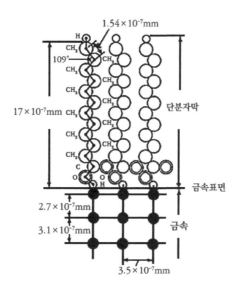

그림 4-15 | 사슬식 포화지방산(라우르산) 단분자막의 구조

과 유체마찰의 중간적인 것이 된다. 면의 마모에 대해서도 일단 얇은 분자막이 있기 때문에 직접적인 고체의 접촉은 방지하지만, 특히 돌출 부분에서 높은 압력이 집중되는 곳은 분자막이 벗겨져 상처 나기도 하므로 이것도 깨끗한 면과 유체윤활된 면과의 중간적 거동을 보인다. 이와 같은 분자막 정도의 얇은 막으로 윤활된 상태를 경계윤활, 이 상태의 마찰을 경계마찰이라 한다.

〈그림 4-15〉는 사슬(鎖式)식 포화지방산이라는 금속면에 흡착하여 분자막을 만들기 쉬운 화합물의 흡착 상태를 모형적으로 나타낸 것이다. 사슬식 포화지방산은 일반적으로 $CH_3-CH_2 \cdots\cdots CH_2-COOH$라는 길쭉한 형상의 분자인데 그 한쪽 끝의 $COOH$(카르복시기)라는 극성(極性)원자단은 금속면 등에 강하게 흡착되기 쉽고, 〈그림 4-15〉와 같이 얇지만 강인한 단분자막을 만들기 쉬운 것이다. 다른 분자에서도 많건 적건 유사한 거동을 나타낸다.

그리고 마찰에 즈음해서는 극성원자단은 금속면에 고정된 채, 다른 끝은 마찰 방향으로 휘어져 〈그림 4-16〉과 같은 거동을 한다. 이것이 경계마찰의 기본적 동작이다. 이 액체 분자의 흡착에 의해 하디식으로 해석하면 금속의 강한 표면력이 포화하고, 앞에서 든 호름의 모형에 의하면 두 면의 금속 원자 간 힘의 강한 간섭이 보다 약한 액체 분자 간의 힘 간섭으로 대치되어 마찰이 줄어드는 것이다.

주변의 단분자막

이 단분자막 정도의 얇은 막이 깨끗한 면의 마찰을 10분의 1 정도로 쉽게 저하한다는 것을 실감하기는 상당히 어렵다. 그러나 이 단분자막은 우리의 일상생활 속에서도 여기저기서 얼굴을 내민다.

욕실의 유리문은 목욕 중에는 대개 김이 서려 흐려진다. 어린이가 손끝으로 갓 배운 글자를 쓴다. 그러면 거기만 투명해져서 바깥 경치가 잘 보이게 된다. 더러워진 유리면에는 대기 속 기름의 증기가 흡착하여 적이도 단분자막 이상의 막을 만들고 있고, 더구나 먼지 입자가 부착되어 있다. 그러므로 수증기가 응결할 때 작은 물방울이 되어 부착하고, 젖빛유리처럼 빛을 난반사하여 흐려지는 것이다. 그것을 비교적 깨끗한 손끝으로 문지르면 기름의 오염이 제거되고 물에 젖기 쉽게 되기 때문에 균일하게 거기만 젖어서 투명해진다. 시험 삼아 반대로 비누로 깨끗이 씻어 물

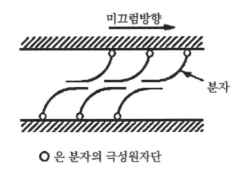

그림 4-16 | 마찰에 있어서 흡착 사슬 모양 분자의 거동

로 균일하게 젖도록 한 유리판을 만들어 그것을 말린다. 거기에 조금 더 러워진 기름기가 있는 손끝으로 글씨를 쓴다. 손가락 자국은 눈으로는 보이지 않는다. 거기에다 입김을 뿜어본다. 그러면 먼저와는 반대로 글씨를 쓴 곳만이 하얗게 흐려진다. 이유는 손끝으로 문지른 곳만이 손가락 지방의 엷은 막이 생겨 물에 젖기 어렵게 되기 때문에 그곳만 물방울이 생기는 것이다. 이것을 호기상(呼氣像)이라 부르는데 기름의 단분자막 또는 몇 분자막의 장난이다.

「먹물 들이기」라는 중국 옛 시대의 놀이가 있다. 먹물을 깨끗한 사진용 현상배트에 담고, 가느다란 막대 끝에 아주 조금 기름기를 묻혀서(너무 많지 않게) 수면에 순간적으로 닿게 한다. 물의 표면장력은 기름의 표면장력보다 크기 때문에 기름기는 확 수면으로 퍼지고, 그때 대수롭지 않은 조건으로 여러 가지 재미있는 모양이 만들어진다. 잘 보이지 않지만 비교적 두꺼우면 빛 반사의 변화로 보인다. 그 모양 위에 도화지를 가볍게 떨어뜨렸다가 끌어올리면 먹물 들이기의 그림이 만들어진다. 퍼진 기름의 막은 기름의 종류에 따라 단분자막에서부터 몇 분자막에 지나지 않지만 기름막의 부분만 하얗게 빠져서 먹물에 물들지 않는다. 몇 분자막 정도의 기름막이 종이에 먹물이 들지 않게 방지하고 있다.

랭뮤어 블로젯의 방법
그러면 이 분자막이 고체 표면을 덮는 것에 의해 어느 정도로 마찰이 저하하는가를 좀 더 자세히 살펴보자. 랭뮤어 블로젯의 방법이란 것을 이

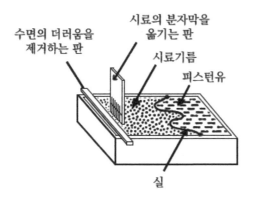

그림 4-17 | 랭뮤어 블로젯 방법에 의한 단분자막의 축적법

용하면 다소의 기술이 필요하지만 비교적 간단하게 분자막을 임의의 장수의 층으로 금속면 위에 포개어 쌓을 수 있다.

그것은 다음과 같은 방법이다. 〈그림 4-17〉처럼 사진용 현상배트 안에 깨끗한 파라핀을 칠하고 깨끗한 물을 흘려서 충분히 씻는다. 증류수를 넘칠 정도로 배트에 가득 채우고, 오염을 없애기 위한 작은 판자로 오른쪽에서부터 왼쪽으로 조용히 수면을 쓸면 뜬 오염물이 왼쪽으로 모인다. 그다음에 파라핀을 스며들게 한 후 잘 비벼서 부드럽게 한 가느다란 수면에 느슨하게 치고, 실 왼쪽 수면에 목적한 기름이나 산을 벤젠으로 녹여 몇 방울 떨어뜨린다. 이것이 확 퍼지게 하여 실을 조금 오른쪽으로 밀어준다. 이 퍼진 시료의 단분자막이 빽빽하게 늘어서기 때문에 실 왼쪽 수면에 피스턴유라 부르는 퍼지는 압력이 큰 기름을 충분히 떨어뜨린다. 피스턴유에는 올레산(표면장력 32dyn/㎝)이나 피마자기름(표면장력 16dyn/㎝)

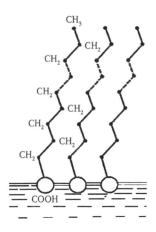

그림 4-18 | 수면 위의 사슬식 포화지방산 분자의 배열

이 자주 사용된다. 시료 기름의 용제인 벤젠은 벌써 증발해버렸기 때문에 시료유가 **빽빽**하게 배열된 분자막이 실 왼쪽 수면에 형성되어 있다. 거기에 깨끗하게 씻은 얇은 판자를 조용히 세로로 넣었다가 다시 올리면 판자 양면에 시료유의 단분자막이 부착한다. 판자가 수면에서 멀어지기 전에 다시 깊이 넣었다가 들어 올리면 양면에 세 장씩 붙어 있다. 이것을 반복할 때마다 두 장씩 증가해간다. 즉 이 방법으로 홀수 장수인 임의의 장수의 분자막을 판자의 표면에 겹쳐 쌓을 수 있다. 물론 수면에 뜬 시료막의 넓이에는 한계가 있으므로 그것이 판자로 옮겨질 때마다 실은 왼쪽으로 이동하고, 마침내는 막이 다하게 되기 때문에 판자 위에 수십 장의 막을 겹칠 경우에는 몇 번이고 같은 동작을 반복하지 않으면 안 된다.

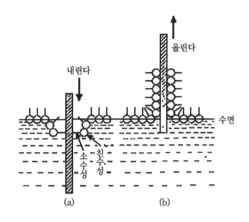

그림 4-19 | 랭뮤어 블로젯의 방법에 따른 단분자막의 축적 원리

우리 연구실에서는 이 방법으로 100장 이상을 겹쳐 쌓은 적이 있는데 하루에는 끝나지 않아 이튿날까지 걸렸다. 처음 10장 정도 겹쳐 쌓은 분자막은 눈에 보이지도 않고 간신히 실이 이동하는 것으로써 겹쳐 쌓이고 있다는 것을 확신할 수 있을 정도여서 불안했다. 하지만 수십 장이 되면 가시광선 파장의 두께로 들어오기 때문에 무지개의 7가지 간섭색이 차례로 아름답게 나타난다. 그 색깔의 변화로부터 막의 두께를 측정할 수도 있어 이때만은 단조로운 작업이 보상을 받는 듯한 기분이 든다.

판의 간단한 상하 운동만으로 분자막이 판자에 포개지는 원리는 다음과 같다.

〈그림 4-18〉은 수면 위에 사슬식 포화지방산 분자가 배열된 상태인

데 금속면 위에 있어서와 마찬가지로 극성원자단이 물과 결합하여 그림과 같이 정연하게 배열해서 분자막을 만들고 있다. 그리고 옆에서부터 피스턴유로 압력을 가하면 극성원자단은 수면 위에서 밀접하여 더욱 축소하려 한다. 〈그림 4-19〉에서는 수면 위의 단분자막을 더욱 모형화하여 그렸는데 지금 판자를 수직으로 찔러 넣으면 사슬식 포화지방산 분자의 소수성(疎水性 : 물을 튕기는 성질)을 가진 탄화수소의 사슬 쪽에서부터 판자가 젖어가기 때문에 소수성 사슬은 판자에 부착하지 않고 (a)와 같이 판자는 그대로 물에 잠긴다. 그러나 판자를 들어 올릴 때는 분자가 역전되어 친수성(물에 젖기 쉬운 성질)인 쪽이 판자에 닿기 때문에 판자를 올리면 (b)처럼 막은 한 장만 피스턴유에 밀려서 연속적으로 나온다. 만약 이대로 다시 판자를 물에 가라앉히면 분자막은 연속적으로 겹쳐 쌓이기 때문에 다음 번에 꺼낼 때는 세 장이 포개져 있다. 이때 중요한 것은 한 장째, 두 장째, 세 장째, …로 포개진 분자막은 한 장마다 분자 배열의 방향이 반대로 되는 점이다.

분자막으로 덮인 면의 마찰

이러한 분자막을 구성하는 분자의 길이를 바꾸거나, 극성원자단만을 바꿔보거나, 겹쳐 쌓을 분자막의 장수를 바꿔 마찰의 변화를 조사하는 것도 윤활의 기본 원리를 밝히는 위에서 매우 중요한 일이므로 지금까지 많은 연구가 있었다.

〈그림 4-20〉은 이런 종류의 경계마찰에서도 쿨롱의 법칙이 성립한다

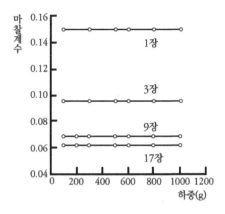

마찰면은 연강, 3/16" 강구로 마찰, 미끄럼 속도는 0.05㎜/sec

그림 4-20 | 마찰계수에 미치는 하중과 분자막(스테아린산)의 두께의 영향

는 것을 가리키는 동시에 분자막의 장수가 한 장으로서는 아직도 꽤 마찰계수가 커서 윤활의 효과가 불충분하지만 세 장이 되면 마찰계수가 반절정도로 저하하고, 7~9장에서 10장 전후가 되면 다시 약간 저하하나 거의일정한 값으로 정착한다는 것을 가리키고 있다. 이 경우 한 분자의 길이는 약 20Å이라고 보아도 되기 때문에 10장이라도 막의 두께는 고작 5만분의 1㎜에 불과하다.

사슬식 포화지방산이 수면 위로 퍼지기 쉽고, 또 그 막이 금속면에 단단하게 흡착분자막을 만들 수 있는 것은 주로 분자의 한끝에 있는 COOH라는 물이나 금속에 결합하기 쉬운 극성원자단 때문이다. 랭뮤어 블로젯의 방법에 의해서 수면 위 사슬식 포화지방산의 단분자막을 금속판으로

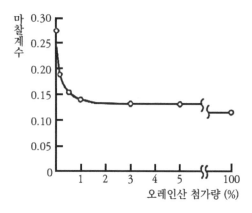

1% 전후 첨가한 것만으로 올레산의 그것과 똑같은 정도로 마찰이 저하한다

그림 4-20 | 수소유(스핀들유)에 지방산(올레산)을 첨가했을 때 마찰계수의 변화

옮길 때나 물속에 판자를 담글 때는 분자의 탄화수소 쪽으로부터 들어가기 때문에 분자는 판자에 부착하지 않는다. 또 올릴 때는 극성원자단 쪽에 닿기 때문에 연속적으로 부착한다는 사실이 이것을 잘 나타내고 있다.

만약 지방산의 탄화수소 부분만의 분자로 이루어져 있는 윤활유(탄화수소유)—일반적으로 사용되는 기계유 등—중에 지방산과 같은 금속면에 흡착하기 쉬운 극성분자를 조금 혼합한다면 어떻게 될까? 금방 알 수 있듯이 지방산과 같은 흡착하기 쉬운 분자는 탄화수소의 분자를 밀어젖히고 먼저 금속면에 흡착하는 것이다. 그 때문에 흡착하기 쉬운 분자를 1~2% 전후 첨가한 것만으로 마찰은 첨가제 자체의 마찰 정도로까지 저하한다(그림 4-21). 이러한 소량의 첨가제를 첨가하는 것만으로 윤활유의 각종 성능을 향상하는 방법은 최근 널리 사용되고 있는 기술로 각종 내연 기관, 터빈 공작기계, 그 밖의 고성능 기계용 윤활유에는 대부분 여러 종류의 첨가제가 포함되어 있다.

윤활막의 판단

그런데 고체 표면에 부착한 윤활막도 매우 엄격한 마찰 조건 아래서는, 윤활막의 한계 강도를 넘어서 막이 벗겨지게 된다. 윤활막이 벗겨지면 막의 밑바탕인 고체 자체의 깨끗한 표면끼리의 마찰이 일어나기 때문에 거기에 강한 응착이 일어나고, 그것이 진행하면 마침내 이른바 타서 녹아 붙는 현상이 생긴다. 즉 금속의 경우에는 마찰면이 마치 용접한 것처럼 달라붙어 버리기 때문에 기계로서는 치명적이다.

위와 같이 윤활막의 강도에는 한계가 있고 앞에서 말한 첨가제 등의 작용에 의해 가급적 이 한계를 높이는 노력을 하고는 있지만, 한계가 있는 것은 변함이 없다. 이 한계의 원인은 다음의 두 가지이다.

첫째는 마찰면의 접촉압력이다. 진실 접촉 면적이 외관상의 접촉 면적보다 엄청나게 작고, 그 비율에 반비례하여 접촉압력이 높다는 것은 앞에서 말했지만, 특히 유동압력이 높은 재료, 바꿔 말하면 단단한 재료일수록 진실 접촉압력이 높은 것은 당연하다. 이것은 단단한 재료일수록 윤활막이 끊어지기 쉽다는 것을 말한다. 베어링용의 재료로서 마찰하는 두 면의 한쪽을 연한 재료로 한다는 베어링 설계상 상식적 원칙의 큰 이유는 이렇게 함으로써 진실 접촉압력을 떨어뜨리기 때문이다. 단단한 재료끼

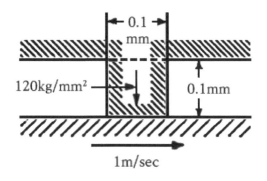

돌출부의 치수 : 0.1㎜φ×0.1㎜(원주 모양), 재료 : 강(비중 7.9, 비열 0.1cal/g·℃, 유동압력 120kg/㎟), 미끄럼 속도 : 1m/sec, 마찰계수 : 0.3으로 계산

그림 4-22 | 마찰면 요철부의 온도 상승의 모형

리의 마찰이 타서 녹아 붙는 현상을 초래하기 쉬운 것은 경험적, 실험적인 사실이다.

둘째는 마찰면의 온도이다. 마찰하면 마찰열이 발생하여 표면이 뜨거워진다는 것은 경험적인 사실이지만, 마찰면 내의 진실 접촉점의 면적이 매우 작고, 각 접촉점 개개의 접촉압력이 그 재료의 유동압력에 도달할 정도의 크기라는 점에서 개개 접촉점의 마찰면 내지는 그 근방의 온도가 매우 높아지는 것이다.

여기서 마찰열이라는 열량과 온도의 개념 차이를 충분히 이해해두기로 하자. 즉 일정한 열량 Q칼로리를 질량 m그램의 물질에 주었을 때, 그 온도가 t℃만큼 상승했다고 한다면, c를 비열(물질 1g의 온도를 1℃ 올리는 데 필요한 열량. 단위는 cal/g℃)로 하여 t=Q/(mc)이다. 따라서 열량 Q가 적더라도 온도가 주어져서 가열되는 물질의 질량이 작으면 온도는 얼마든지 상승할 수 있는 것이다. 그리고 지금의 경우 마찰면의 개개의 진실 접촉점은 면의 미세한 요철의 접촉이기 때문에 매우 작다. 따라서 이 접촉부의 온도는 상당히 높아진다는 것을 생각할 수 있다. 지금 가령 하나의 접촉돌출부의 크기를 〈그림 4-22〉와 같은 치수의 원기둥이라 가정하고, 그 선단의 1,000분의 1초간의 마찰로 발생한 열량의 절반이(다른 절반은 상대면을 가열한다고 치고) 이 원기둥 부분을 1,000분의 1초 후에 균일하게 가열한다고 해보자. 그리고 그 온도 상승을 그림에 보인 조건으로 계산하면 530℃가 된다. 이것은 엄밀한 계산은 아니지만, 순간적인 마찰면 온도가 높다는 것을 이해하는 데 도움이 될 것이다.

실제 마찰면의 온도를 실험으로 측정하면 보통의 조건 아래서도 놀랍게도 섭씨 수백 도에서부터 1,000도 이상에 달한다는 것을 알 수 있다. 더구나 진실 접촉점이 마찰 중에 끊임없이 변동하는 것에 대응하여 온도도 1초간 수백 번이나 불꽃처럼 변동하고 있다. 이러한 사실은 마찰의 메커니즘으로서 그것 자체가 중요한 일이지만 지금 특히 중요한 것은 마찰면의 온도가 철이나 구리 등에서조차 녹아버릴 만한 온도에 이른다는 사실이다. 그 때문에 마찰면에 주어진 윤활유도 이러한 고온에서는 받은 열에너지 때문에 그 흡착분자막이 녹아 정연한 윤활막을 만들 수 없게 되거나, 산소와 결합하여 산화하거나, 그 밖의 분해와 중합 등의 화학변화를 일으켜 윤활 기능을 잃는 것이다. 자동차의 엔진이 고속장시간의 운전으로 타버리게 되는 중요한 원인이며 일반적으로 고온은 고하중보다 훨씬 윤활막 파단의 위험을 동반하는 것이다.

기계의 성능에 맞는 적정 윤활유를 사용하는 것과 그 윤활막을 무리한 운전으로 파탄시키지 않는 적정한 운전이란 엔진을 보호하는 중요한 기본 기술이다.

5. 마찰에 의해 일어나는 진동

유리판의 왕복 진동

지금까지 마찰은 왜 일어나느냐, 그 크고 작음은 무엇에 의해 정해지느냐 등을 설명해왔다. 다음에는 같은 크기의 마찰이라도 그 마찰이 미끄럼 속도가 늘어나는 경향의 선상에 있느냐 감소하는 경향의 선상에 있느냐에 따라 다르게 나타나는 한두 가지 현상에 대해 설명하겠다.

예를 들면 〈그림 4-23〉에서 μ는 유체마찰계수와 속도의 관계에서, 유체의 점도에 바탕하는 마찰은 전단 비율, 즉 두 면의 상대적인 미끄럼 속도에 비례하기 때문에 속도가 늘어나면 증대한다. 이것에 반해 이미 앞에서 말했듯이 경계마찰계수 μ_b는 정지마찰로부터 속도가 늘어나 급속히 저하하고 그 뒤는 완만하게 감소한다. 깨끗한 면의 마찰계수 μ_d는 그 값이 클뿐더러 속도의 영향을 받는 오염이나 유체를 수반하지 않기 때문에 속도에는 무관하게 거의 일정하다. 이것이 마찰의 기본적인 세 가지 속도 특성이다.

그런데 문제는 예를 들면 μ_b선상의 A점과 μ_f선상의 B점에서는 마찰의 크기가 동일한데도 불구하고 그 관여하는 문제에 따라서는 현상이 달리 나타난다는 점이다.

간단한 실험을 해보면 안다. 유리로 만든 길쭉한 자가 있으면 좋지만 없다면 부서진 판유리에서 너비 3~4㎝, 길이 50㎝ 정도의 길쭉한 유리판을 잘라낸다. 오염을 씻어내고 말려서 〈그림 4-24〉와 같이 유리판의 양

끝을 양손의 집게손가락 위로 지탱한다. 그다음에 두 손가락을 조용히 유리판의 중심을 향해 미끄러지게 한다. 그러면 유리판은 손가락 사이에서 좌우로 진동적인 운동을 한다. 다음에는 진한 비눗물을 유리에 충분히 바른다. 손가락에도 충분히 발라서 먼저와 같은 일을 해본다. 그러면 이번에는 먼저와 같은 유리잔의 좌우 진동은 없고, 손가락은 유리판의 중심을 향해 매끄럽게 미끄러지게 할 수 있을 것이다.

이것은 다음과 같이 설명된다. 깨끗한 유리판을 손가락에 얹은 상태에서 미끄럼이 시작되기 전의 마찰은 정지마찰이고, 〈그림 4-23〉의 μ_b선상의 A′에 있다. 손가락을 중심 쪽으로 움직여가면 좌우 손가락 중 어느 것이 먼저 미끄러지는데 일단 미끄러지면 그 마찰은 저하하여 예를 들면 A

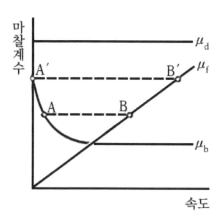

μ_b의 특성을 가질 때만 마찰 진동을 일으킨다

그림 4-23 | 마찰계수 3종의 속도 특성

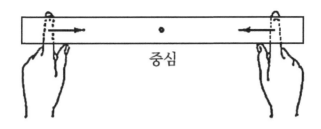

그림 4-24 | 유리판의 마찰에 의한 진동 실험

의 값이 되기 때문에 점점 가볍게 미끄러지게 된다. 그러나 예를 들어 왼손가락이 먼저 미끄러졌다고 하면 왼손가락이 유리판의 중심에 접근함에 따라 유리판의 중량이 차츰 왼손가락에서 많이 걸리게 되어 마찰계수는 왼손가락이 낮은데도 불구하고, 결국에는 왼손가락의 마찰력이 오른손가락의 마찰력보다 커지고, 이번에는 오른손가락이 미끄러지게 된다. 이렇게 두 손가락 사이에서 유리판의 중심은 좌우로 번갈아 운동하는 것이다. 즉 두 손가락은 균일하게 접근하는데도 유리판은 좌우의 진동운동을 하는 것이다. 진한 비눗물을 발랐을 때는 어떨까? 진한 비눗물은 점성이 있어 미끈미끈하다. 거기에다 유리판은 판판하고 요철이 없기 때문에 손가락 사이에 점성이 있는 유체막이 형성되기 쉽다. 유체막의 마찰저항은 유리판과의 사이의 미끄럼 속도에 비례한다. 그러므로 지금 두 손가락의 마찰이 μ_f 선상의 B'에서 출발했을 때, 왼손가락이 처음에 또는 과분하게 미끄러졌다고 하면 그 속도가 증가한 몫만큼 왼손가락의 마찰은 오른손가락보다 커지기 때문에 그것과 평형을 이루도록 금방 오른손가락 쪽이 많

이 미끄러져 가도록 순간적으로 유리판의 중심이 왼손가락 쪽으로 움직여도 다음 순간 곧 유리판은 오른쪽으로 움직여 결국 유리판의 중심은 끊임없이 두 손가락의 중앙에 안정되도록 조절되어 유리판은 진동운동을 모면하게 되는 것이다.

마찰음

이리하여 마찰력이 복원력이 있는 진동 계통—예를 들면 용수철과 질량으로서 구성되는 진동계—에 작용할 경우 마찰이 속도에 대해 하강적—μ_b의 특성—이면 진동은 차츰 발달하여 이른바 마찰 진동이 발생하고, 반대로 마찰이 속도에 대해 상승적—μ_f의 특성—이면 진동은 감쇠하는 것이다. 예를 들면 주행 중 자동차에 급브레이크를 걸었을 때 발생하는 「울림」이라 부르는 마찰음은 주로 브레이크의 마찰이 속도에 대해 하강적이라는 것의 결과로서 브레이크 주위의 진동음이라 생각되고 그 밖의 모든 기계의 이상 진동에는 마찰의 이 특성에 의한 것이 적지 않다. 지금까지 여러 번 인용한 데라다 선생의 수필 중에도, 아침에 세면실에서 유리컵을 세면기 언저리에 가볍게 접촉해두고서 세면기 안의 물을 움직이면 세면기 언저리와 컵의 마찰 진동에 의해 컵이 아름다운 진동음을 낸다는 이야기가 쓰여 있다. 또 앞에서 언급했듯이 하디도 핑거볼의 표면을 깨끗이 해서 손가락으로 마찰하면 소리를 낸다는 것을 논문에 썼다. 간단한 실험으로 보통 유리컵 언저리를 비누로 잘 씻고 깨끗한 손끝으로 조용히 그 언저리를 쓸어주면 매우 아름다운 소리를 들을 수 있다. 이것들은 모두 마찰 진동에 의한 마찰음이라 보아도 된다.

마찰음도 컵의 마찰음으로부터 상상할 수 있듯이, 악기에도 교묘하게 이용되고 있다. 그 전형적인 것이 바이올린 등의 현악기이다. 현은 질량과 용수철(현은 질량을 가졌고, 또 팽팽하게 세게 당겨져 있어 옆으로 변위를 주면 원래의 위치로 되돌아가려 하는 용수철이기도 하다)을 갖는 진동계로 그 진동을 속도에 대해 하강적인 특성을 갖는 마찰력으로서 역기시키고 있는 것이다. 활의 털에 칠하는 송진 등은 단순히 마찰을 크게 하여 현의 여진력을 크게 하는 것만이 목적이 아니다. 그것은 동시에 그 속도 특성에서도 악기 소리의 발생에 미묘한 좋은 작용을 주는 하강적 성질을 갖는 것으로 생각된다.

부착—미끄럼현상

마찰 진동이 〈그림 4-23〉에 보인 마찰의 특성과 직접 관계가 있다고 하는 데서 이 마찰 진동의 도형으로부터 마찰의 메커니즘을 연구하는 방법이 널리 행해지고 있다. 〈그림 4-25〉가 그 실험 장치의 원리도이고, 이것을 부착—미끄럼 해석 장치라고 부르고 있다. 그림에 있어서 마찰하는 것은 마찰봉(보통 지름 수㎜)과 마찰판(보통 너비 20㎜, 길이 50㎜ 전후)의 사이이다.

접촉면의 하중은 레버 뒤쪽 끝의 위쪽 방향의 힘으로써 가해진다. 이 레버의 중간에는 판스프링이 끼어 있어, 예를 들면 마찰판을 속도 v(보통 매초 1㎜ 이하)으로 움직이게 하면 마찰봉에 작용하는 마찰력은 판스프링의 변위로 바뀐다. 이 변위는 작으므로 용수철에 거울을 붙여 빛을 비춰

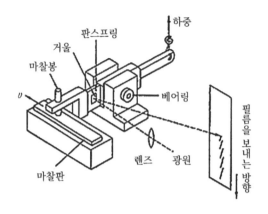

그림 4-25 | 부착-미끄럼 해석 장치

빛의 지레의 원리로 확대해서 사진 필름에 기록한다.

〈그림 4-26〉은 기록의 한 예로 마찰면의 재료 편성 여하에 따라 마찰 계수의 크기뿐만 아니라 마찰의 도형이 확실히 다르다는 것을 알 수 있다. 일반적으로 다른 종류의 금속이나 합금끼리의 마찰은 (a)처럼 깨끗한 톱니 모양의 도형—부착(미끄럼현상이라 한다)—을 나타내는 동시에 마찰 계수도 비교적 작다. 또 같은 종류의 순금속끼리의 마찰은 (b)와 같은 불규 칙한 도형을 나타내는 동시에 그 마찰계수도 크다.

(a)의 도형이 나타나는 이유는 처음에 마찰판이 움직이면 마찰봉의 선 단이 마찰력에 의해 마찰판과 함께 움직이지만 어떤 변위를 일으키면 용 수철의 힘에 저항하지 못하여 미끄러진다. 미끄러질 때 갑자기 마찰계수 가 저하하는 경우(〈그림 4-23〉의 μ_b의 특성)에는 순간적으로 마찰봉은 처음

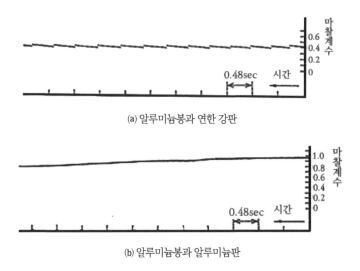

(a) 알루미늄봉과 연한 강판

(b) 알루미늄봉과 알루미늄판

막대의 지름 2㎜, 하중 400g, 속도 0.05㎜/sec, 윤활 없음. (a), (b) 도형의 차이와
마찰계수의 크기 차이에 주목할 것

그림 4-26 | 마찰의 부착-미끄럼 도형의 한 예

위치 근처까지 되돌아오고, 되돌아오면 다시 같은 동작을 반복하기 때문
에 (a)의 톱니 모양 도형이 나타난다. 그것이 μ_d의 특성을 가질 때는 미끄
러져도 마찰계수가 저하하지 않기 때문에 미끄러지기 전의 변위 근방에서
질질 끌려서 불규칙한 도형을 나타내는 것이다. (a)의 도형은 현악기 현의
진동 모양과 기본적으로는 같은 것이며 단지 진동의 주기가 길 뿐이다.

윤활유를 칠했을 때도 윤활유의 특성에 따라 또 다른 도형이 일정한 원
칙에 따라 나타나고 그것에 의해 윤활유의 성능을 판단할 수 있는 것이다.

6. 마모라는 현상

마모란

마찰에 수반하는 중요한 현상 중 하나로 마모가 있다. 마찰에 의한 이른바 닳는 현상이다.

매일 신고 있는 구두창이 닳는다. 가위나 식칼의 날이 닳아 못쓰게 된다. 양말이 닳아 해진다. 만년필 촉이 마멸되어 글자가 굵어진다. 자동차의 타이어를 바꾼지 아직 1년밖에 안 됐는데 닳아서 교환해야 한다. 이러한 마모는 일상생활 속에서 곤란한 일만 만들고 있는 듯 보인다. 그러나 사실 그런 것만은 아니다.

마모에는 두 가지 얼굴이 있다.

하나는 위에서 말했듯이 우리 생활을 곤란하게 하는 얼굴이다. 일용품의 마모 등은 죄가 가볍다. 값이 비싸고 정밀한 고급 기계의 베어링이나 기어 등이 마모하여 멀쩡한데도 기계의 정밀도가 떨어지기 때문에 실용상 견디기 어렵게 되는 일 같은 경우는 가장 곤란한 일이다.

둘째는 우리 생활에 협조적인 고마운 얼굴이다. 마모라는 현상이 없었다면, 바꿔 말하면 닳아 없애는 기술이 불가능해진다면 오늘날 기술이나 문화가 어떻게 될 것인가를 생각해보면 곧 이해할 수 있다. 대리석은 마모를 통해서 마무리하고 아름다운 보석을 연마하는 작업은 마모의 기술이다. 카메라 등의 렌즈나 오늘날의 최고급 정밀기계 부품은 마모의 기술을 통해 최종적으로 완성되는 것이 많다. 글자 그대로 마모라는 것은 고

마운 일이다.

이 두 개의 얼굴도 과학적인 현상으로 볼 때는 모두 같은 마모현상이다.

마모의 정의는 분명하지 않다. 넓게 말하면 어떤 고체의 일부가(원자적인 크기부터 고체 입자의 크기까지 포함해서) 마찰에 의해 제거되는 감량현상이라고 해도 좋을 것이다. 이미 말한 마찰현상의 설명으로부터도 이해할 수 있듯이 마찰에는 여러 가지 부작용이 따른다. 주된 부작용은 마찰의 기계적인 작용에 의해 표면이 부서지고 줄어드는 것이지만 또 마찰년의 온도가 마찰열 때문에 상승하면 열 때문에 작은 금이 생겨 그것이 원인으로 표면의 일부가 떨어져 나가는 때가 있다. 금속에서는 산화물이 생겨 그 피막이 벗겨져 나가는 것도 있다. 좀 더 고온이 되면 녹아 흘러버리는 것도 있다. 부식성 환경 내에서는 부식 때문에 감량한다. 이 모두가 마모현상에 속한다.

요철마모와 응착마모

보통 마모의 주된 원인은 마찰의 기계적 작용에 의한 것이지만 마찰의 메커니즘에 관해서 요철설과 응착설이 대립하여 논쟁을 거듭해왔듯이 마모의 메커니즘에 관해서도 이것에 대응하는 요철설과 응착설이 있다. 이미 드 라 이르나 히른이 알아채고 있었듯이 마찰현상과 마모현상은 서로 관련하고 있기 때문에 이 두 가지 설이 존재하는 것은 당연하다. 물론 요철설에 따르면 마모의 주된 원인은 표면 요철의 뒤얽힘에 있다는 것으로 이것을 요철마모라 한다. 이것에 대해 응착설은 마모의 주된 원인은 두

면의 응착현상에 있다고 하는 것으로 이것을 응착마모라고 부르고 있다. 이 두 가지 설에 의한 마모의 메커니즘은 다음과 같다.

(1) **요철마모** 마찰면의 단단한 쪽의 한 돌출부가 부드러운 쪽의 표면에 밀어 넣어진 상태를 모형화하여 〈그림 4-27〉에 나타냈다. 돌출부의 모양은 원추로 하고, A점에서 하중 P를 받아 반지름 r인 원형의 접촉면에서 평형되어 있다고 하자. 응착마찰에 있어서 진실 접촉 면적과 같은 사고방식에 의해 부드러운 재료의 유동압력을 p라 하면

$$P = p \cdot \pi r^2$$

이 돌출부가 B점까지 거리 L을 움직였을 때 밀어내는 체적 V를 마모량이라고 생각하면

$$V = r^2 \tan\theta \cdot L$$

이기 때문에 이것에 앞 식을 대입하면

$$V = \frac{\tan\theta}{\pi} \cdot \frac{PL}{p} \quad \cdots\cdots\cdots \text{〈수식 4-6〉}$$

을 얻는다.

이것은 요철에 의한 마모량이 거기에 가해지는 하중과 미끄럼 거리에 비례하고, 유동압력 즉 부드러운 쪽의 재료 경도에 반비례하는 것을 의미한다. 그리고 요철의 영향으로서는 돌출부가 뾰족할수록, 즉 표면이 거칠수록 마모량이 커진다. 그러므로 이 생각에 의하면 완전히 판판한 평면끼리에서는 θ가 제로가 되기 때문에 마모는 일어나지 않는다는 이치가 된다.

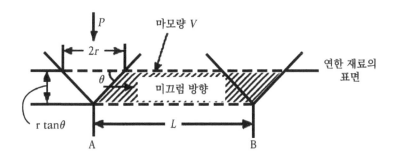

그림 4-27 | 요철마모의 모형

단단한 입자가 부드러운 재료의 표면에 반쯤 파묻혀 머리를 내밀고 있는 상태에서는 자주 상대의 단단한 쪽의 마찰면을 마모시킨다고 2장에서 설명했는데 이러한 단단한 입자가 베어링 등의 마찰면 사이에 꼈을 경우, 심한 마모를 낳게 하는 것은 결국 이 요철마모의 원리에 의한 것으로 생각된다.

(2) **응착마모**　이 경우의 마모는 접촉면이 요철마모처럼 맞물리기 때문이 아니라 접촉면에 단순히 응착이 생기는 것만으로 일어난다는 원리에 입각한 것이다.

지금 마찰면에서 n개의 돌출부가 접촉해 있다고 하고, 그 하나는 돌출부가 유동압력 p로 상대 면에 접촉해 있는 상태를 모형화하여 〈그림 4-28〉에 나타냈다. 역시 돌출부의 모양은 원추로 하고, 그 접촉면의 평균

지름을 d라 하면 전체의 하중 P는

$$P = n \cdot \frac{\pi d^2}{4} \cdot p$$

하나의 돌출부가 마모하더라도 새로운 돌출부가 접촉하여 끊임없이 n개의 접촉점이 존재하는 것이라고 하면 단위 거리를 미끄러져 가는 사이에 접촉돌출부는 지름 d를 단위로 하여 총계 n×(1/d)회가 마찰되는 것이 된다. 간단히 하기 위해 한 돌출부의 한 번의 마찰마다 지름 d의 반구상 모양(체적은 $\pi d^3/12$)의 마모 가루가 응착의 결과로 떨어지는 것이라고 하면 거리 L을 미끄러져 가는 사이의 전체 마모 가루의 양 V는

$$V = \frac{1}{3} \cdot \frac{PL}{p}$$

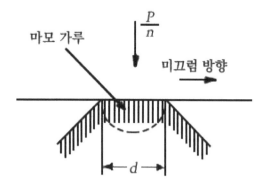

그림 4-28 | 응착마모의 모형

앞 식을 대입하여

$$V = \frac{1}{12} \pi d^3 \cdot n \frac{1}{d} L \quad \cdots\cdots \langle 수식 4\text{-}7 \rangle$$

가 된다. 이 식은 요철마모의 〈수식 4-6〉과 계수가 약간 다를 뿐 어느 식이라도 마모량과 하중, 미끄럼 거리, 재료의 경도 등의 관계는 완전히 같다.

요컨대 마찰에 의한 기계적인 마모를 막는 데 단단한 재료를 사용하면 된다는 상식적인 결론에 도달할 것이다. 세게 문지르면 잘 줄고, 오래 사용하면 마모된다는 것 등도 경험상의 상식이다. 간단한 실험을 하여 여러분과 함께 확인하고 싶지만, 결론이 너무도 상식적이기 때문에 생략하기로 하자. 다만 그 이유는 위와 같고 이 이론이 이미 많은 학술적인 실험으로 증명되어 있다는 것을 첨가해둔다.

필자가 마찰의 메커니즘, 즉 마찰은 어떻게 해서 일어나느냐의 이야기의 마지막에서 마모의 이야기를 쓴 것에는 특별한 의미가 있었다. 그것은 마모현상이 단순히 마찰현상과 관계가 깊은 중요한 현상이라는 것만은 아니었다. 사실은 마모의 이야기를 하지 않으면 마찰이 어떻게 일어나느냐의 설명을 마무리 지을 수가 없기 때문이다.

이 장의 처음에 필자가 요철설과 응착설에 의한 각각의 마찰식을 제시하고 그 어느 것이 진실인가 하는 설문을 스스로 했을 때('4-2 두 설의 검증' 참조), 요철설의 비판 학설로서 응착설의 발전 과정까지만 말하고 해답은 주지 않았었다. 응착설은 요철이 없더라도 마찰도 마모도 생긴다는 것을 확정적인 것으로 했었다. 그러나 요철이 마찰과 마모의 한 요인인 것에는 틀림이 없다. 이 마모의 이야기 속에서도 마찰과 마모는 안팎의 관계에 있다고 말했는데, 지금까지 말한 마찰과 마모에 관한 요철설과 응착설의 모형이나 이론식은 도대체 대립적인 것인가 아니면 통일적인 것인가? 만약 통일적, 양립적으로 설명할 수 있는 것이라면 그 접점은 어디에 있는가? 필자는 이것에 대답해야 하는데 거기에는 마모의 이야기가 필요했다.

마찰·마모의 요철설과 응착설의 통일

전에 요철설에 의한 마찰계수의 이론식으로서 〈수식 4-3〉, 〈수식 4-4〉의 두 식을 보였는데, 그것은 요철설의 고전 이론식으로 제시했다. 응착설이 부정됐던 것은 이 요철의 기계적, 역학적인 사고방식이지 요철의 영향을 부정하고 있는 것은 아니다. 그리고 응착설이 확립된 오늘날 시점에서 생각되는 요철마찰이란 것은 빗면을 미끄러져 오르고 내린다는 것이 아니라 〈수식 4-6〉에서 보인 마모를 낮게 하기 위한 저항력에 의하는 것으로 되어 있다. 이 생각에 입각하면 〈그림 4-27〉에서 원추가 움직일 때 앞면 저항 F는 유동압력을 p로 하여

$$F = p \cdot r^2 \tan\theta$$

하중 P는 전에 말했듯이 $P = p \cdot \pi r^2$이기 때문에 마찰계수 μ는

$$\mu = \frac{F}{P} = \frac{\tan\theta}{\pi} \quad \text{......... 〈수식 4-8〉}$$

이 된다. 즉 말하자면 이 마찰의 새로운 요철설에 의해서도 μ는 $\tan\theta$에 비례하는 것으로 이 점이 오일러의 고전식과 공통된다. 다만 μ는 $\tan\theta$의

π분의 1이 되고, 고전식보다 작아진다.

이 식은 무엇을 의미하는 것일까? 응착설에 의한 마찰, 마모의 메커니즘과 이론적 표식은 동일 모형, 동일 개념을 사용하여 설명할 수 있었다. 그러나 요철설에 의한 마찰의 고전적 모형이나 고전식은 마모에는 결부되지 않는다. 그것은 단순한 도형의 논리였다. 더구나 요철이 마찰이나 마모에 영향을 끼치는 것은 사실이다. 〈수식 4-8〉은 이 요철설의 마찰, 마모의 논리에 공통의 모형과 개념을 부여한 점에 중요한 의미가 있다. 응착설이건 요철설이건 그것들을 통일적으로 파악하는 접점은, 요컨대 마찰면의 변형과 마모이며 필자가 「마찰과 마모는 표리일체」라고 말한 것은 이런 의미였다.

이상으로 마찰과 마모에 대한 요철설의 통일적 해석을 할 수 있었다. 남은 과제는 요철설·응착설에 의한 마찰식의 차이를 어떻게 해석하느냐이다.

접촉과 변형의 모형을 사용하여 앞의 요철설에 의한 새로운 마찰계수의 식을 유도했다. 이 모형에 응착의 개념을 도입하자. 지금 〈그림 4-27〉의 돌출부가 미끄러져 갈 때 그 접촉 면적 πr^2에 응착마찰력이 작용한다고 생각한다. 그러면 재료의 전단 강도를 τ로 할 때 그 전단력은 $\pi r^2 \cdot \tau$가 된다. 마모를 위한 돌출부의 앞면 저항(파 올리는 힘)은 앞에서 말했듯이 $pr^2 \tan\theta$이기 때문에 전체 마찰력 F는

$$F = \pi r^2 \tau + pr^2 \tan\theta$$

$$\therefore \mu = \frac{F}{P}$$

$$= \frac{\tau}{P} + \frac{\tan\theta}{\pi} \quad \cdots\cdots \langle 수식\ 4\text{-}9 \rangle$$

이 식의 1항은 응착설에 의한 마찰계수(〈수식 4-5〉 참조), 2항은 새로운 요철설에 의한 마찰계수(〈수식 4-8〉 참조)이고 전체로서의 마찰계수 μ는 양자의 합이 된다. 다만 2항의 요철마찰계수는 일반적으로 1항의 응착마찰계수보다 작은 것이다. 이렇게 이 두 가지 설은 겨우 양립할 타협점을 발견했다. 그리고 이 타협과 양립의 중개자가 접촉면의 변형과 마모였다. 한마디로 말하면 「마모를 수반하지 않는 마찰은 없다」라는 것이 매우 중요한 현실의 마찰 개념이었다.

5장

마찰과의 투쟁

1. 「작은 마찰」의 세계의 투쟁

대공업 발전에 의한 기술적 요청

18세기부터 19세기에 걸쳐 유럽에 각종 산업이 발전하고, 그중에서 마찰의 수수한 연구가 착착 진행되고 있었던 사정에 대해서는 앞에서 말했다. 필자는 이 마찰을 중심으로 한 과학과 기술 발전의 자취를 마찰법칙을 추구한 사람들의 활동을 통해서 하나의 과학사로서 더듬어왔다. 그러나 이 시대 마찰의 역사가 단순한 학문적인 흥미와 정열로 마찰법칙을 추구한 사람들만의 역사일 리는 없다. 거기에는 마찰법칙을 추구하는 사람들을 낳은 역사적인 배경이 있다. 물론 산업혁명을 계기로 한 대공업(大工業)의 발전이고 동시에 이 발전이 필연적으로 낳은 숱한 마찰의 기술적 과제이다.

당시 마찰의 기술적 요청 중 하나가 마찰의 저감에 있었다는 것은 상상하기 어렵지 않다. 이 요청은 마찰면이 타서 녹아 붙는 것의 방지, 마모의 방지 등에도 관련되어 오늘날에도 마찰의 가장 기본적인 과제 중 하나이다. 수많은 회전 베어링을 갖는 직물공업(織物工業)에서는 동력 절약을 위해 베어링의 마찰을 줄이는 것은 경제상의 큰 문제였고 18세기에 이르러 증기기관이라는 대동력기관이 실용화되자 그 베어링이 타서 녹아 붙는 것이나 마모의 방지는 장래의 산업 발전의 생사가 달린 큰 과제이기도 했다.

19세기 마찰에 관한 응용 연구, 기술적 연구는 거의 마찰력 자체에 관한 것이다. 마찰력을 지배하는 인자로서 재료와 윤활유는 빠르게 주목받고 있었다. 이것들을 여러 가지로 조합하여 어떤 재료에 어떤 윤활유를 사용하면 가장 마찰이 작은 베어링을 얻을 수 있는가는 당시 기술적 과제의 중심이었다. 19세기 말경 이 배경 아래에서 비슷하면서도 다른 마찰 측정이 많이 행해졌다.

타워의 실험

1883년, 베어링의 한 마찰 실험 결과가 영국의 기계학회지에 발표되었다. 타워(Beauchamp Tower)의 실험 보고이다. 그는 지름 100㎜, 길이 150㎜, 호각(弧角) 157도의 포금(砲金 : 구리와 주석의 합금)으로 만들어진 미끄럼베어링에 대해 여러 가지 하중과 회전속도 아래서 마찰계수를 측정하여 그 값을 논문에 표시하고 있다. 이 표는 그 나름대로 당시는 유익했을 것이다. 그러나 「타워의 실험」으로서 그의 이름을 마찰과 윤활의 역사 위에 영구히 남게 한 것은 이 노력적인 측정치가 아니었다.

그는 실험 도중에 축 아랫면을 기름에 적시는 윤활법을 그만두고, 급유기로 미끄럼면에 기름을 공급하기 위해 베어링 상부에 지름 10㎜ 남짓한 작은 구멍을 뚫었다. 우연히 그 상태에서 베어링을 회전하자 기묘하게도 그 작은 구멍에서 기름이 뿜어져 나왔다. 이것은 뜻밖의 현상이었다. 코르크 마개와 나무 마개를 만들어 작은 구멍을 막고, 기름이 뿜어 나오는 것을 막고 마찰 실험을 하자, 곧 마개가 빠져나가 버렸다. 그래서 마개를 단단히 박아 넣고 실험을 했지만, 결과는 마찬가지였다. 이 뿜어 나오는 기름은 높은 압력을 갖고 있을 것이 틀림없다. 이런 생각으로 시험 삼아 압력계를 이 작은 구멍에 연결했더니 14기압용인 압력계의 바늘이 눈금을 뿌리칠 정도로 높은 압력이 검출되었다. 다음번 논문에서 그는 이 압력의 분포를 다소 자세하게 측정하여 베어링 속의 기름막이 높은 압력을 갖는다는 것을 확인하고 있다.

그가 실험 중에 경험한 이 작은 사건의 설명은 그의 마찰 실험의 부산물에 지나지 않았다. 그런데도 이 작은 사건이야말로 마찰의 역사(그리고 이윽고 여명기를 맞이한 윤활의 역사) 위에서, 마찰과 윤활의 유체역학적 이론을 꽃피우는 획기적인 대사건이었다. 타워가 심혈을 기울여 측정한 마찰의 실험치를 뒤돌아보는 사람은 이제 한 사람도 없다. 그러나 이 아무렇지 않은 경험의 기록(그 자신도 그 역사적 의의의 자각 없이 기록에 남겼을 것으로 생각한다)이야말로 그의 이름과 이 논문을 불후의 것으로 만들었다. 역사적인 대사건이 자주 그 시대에 산 사람들이나 당사자조차도 자각하지 않고 지나치게 되는 것의 좋은 보기이다. 그가 기여하려 했던 노력의 결정은 잊히고, 뜻하지 않은 우연한 부산물이 후세에 남게 된 것이다. 타워에게 이 영예는 준엄한 역사의 아이러니였다.

레이놀즈의 유체윤활 이론

앞에서 언급한 같은 시대의 영국의 위대한 수력학자(水力學者) 레이놀즈(Osborne Reynolds, 1842~1912)가 타워의 이 논문에 주목했다. 레이놀즈는 과연 예리하고 뛰어난 통찰력의 소유자였다. 마개가 빠져나왔다는 작은 기록과 기름막에 압력이 발생했다는 심상찮은 의미에 강하게 반응하여 3년 후인 1886년에 유체윤활 이론의 여명을 알리는 역사적인 논문 「윤활의 이론과 그 뷰챔프 타워 씨의 실험에의 응용」을 왕립학회의 논문집에 발표했다.

이 논문은 원통 베어링에 기름을 쳐서 축을 회전할 때, 축은 베어링면과의 사이에 얇은 유체유막(流體油膜)을 사이에 두고 회전하고 축과 베어링면은 직접 접촉하지 않는다는 원리를 유체역학적으로 명백하게 밝혔다. 바꿔 말하면, 회전에 의해 기름막 안에 유체역학적인 압력이 발생하는 것을 이론적으로 증명하고 이 압력이 타워의 실험 마개를 튕겨내고 동시에 그것이 축과 베어링의 틈새에서 축의 하중을 지탱하는 원인임을 밝힌 것이다.

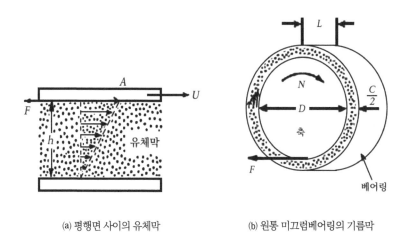

(a) 평행면 사이의 유체막   (b) 원통 미끄럼베어링의 기름막

그림 5-1 | 유체막의 전단 저항

당시에는 이미 원통 미끄럼베어링의 회전마찰력이 윤활유의 점성 크기에 비례한다는 것, 즉 그것이 유체마찰이라는 것은 알려져 있었다.

이 마찰력을 이론적으로 정식화(定式化)하는 것도 이미 러시아의 페트로프(N. P. Petroff, 1836~1920)에 의해 이루어져 있었다. 유체마찰, 즉 유체의 전단 저항에 대해서는 이미 뉴턴의 식이 알려져 있었다. 그것은 마찰력을 F, 면적을 A, 미끄럼 속도를 U, 막의 두께를 h, 그 점성계수를 η라 하면 다음의 식으로써 나타낼 수 있다(〈그림 5-1〉의 (a)).

$$F = \eta \, \frac{AU}{h} \quad \text{……… 〈수식 5-1〉}$$

페트로프는 이 관계를 베어링과 축이 같은 중심점을 갖는 원통 베어링 내의 기름막에 적용하여 페트로프의 식으로 유명한 다음 식을 간단하게 유도했다(〈그림 5-1〉의 (b)).

$$\mu = \frac{F}{P}$$

$$= \frac{\left\{ 2\pi^2 \left(\frac{D}{C}\right) \left(\frac{L}{D}\right) \eta \, ND^2 \right\}}{(pDL)}$$

$$= 2\pi^2 \left(\frac{D}{C}\right) \frac{\eta N}{p} \qquad \text{………〈수식 5-2〉}$$

즉 주어진 치수의 베어링의 마찰계수 μ는 점성계수 η와 회전속도 N에 비례하고, 베어링의 평균 압력 p(베어링 하중을 그 「지름×베어링 길이」로 나눈 값)에 반비례한다는 것이다. 이것은 베어링의 마찰식으로서 현재도 때때로 이용되며 베어링의 마찰을 고체의 마찰로서가 아니라 윤활유의 점성저항으로서 표현한 점에서 획기적이었다. 그러나 이 베어링 압력 p가 어떠한 원리에 주어지는 것인지는 밝혀지지 않았고, 또 페트로프가 근사했던 〈그림 5-1〉로부터 압력이 발생할 이유도 없었다.

레이놀즈가 설명한 압력 발생의 원리는 간단히 말하면 다음과 같은 것이다. 〈그림 5-2〉를 보자. 축(중심은 O)은 베어링(중심은 O′)에 기름막을 사이에 두고 끼워져 있다. 페트로프는 O와 O′는 일치하고 있다고 가정하여 계산을 진행했지만, 틈새는 적어도(그림에서는 과장하여 크게 그렸다) 축에는 하중 P가 걸려 있기 때문에 두 중심점은 처져 있을 것이다. 그 때문에 기름막은 ABC 사이에서는 끝이 좁아지는 뿔피리의 형상을 이루고, CDA에서는 끝이 넓어지는 뿔피리 모양으로 된다. 축이 화살표 방향으로 회전하면 기름에 점성이 있기 때문에 축 표면에 접촉하고 있는 기름의 회전에 수반하여 기름은 화살표 방향으로 뿔피리의 넓은 쪽에서부터 좁은 쪽으로 끌어들여진다. 그 결과 ABC 사이의 기름막은 뿔피리 모양으로 구부러진 일종의 쐐기작용을 하여, 축과 베어링을 떼어놓는 힘이 생긴다. 다만 그 쐐기의 힘(압력)은 ABC 사이에서 부분마다 크기가 다르고, 그 작용하는 방향은 축 표면에서는 직각이 된다. 이 축 표면에 작용하는 압력을 모두 합산하면 하중 방향과 반대로 P′라는 힘으로 축을 밀어 올리게 되

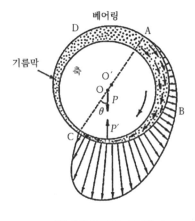

기름막에 발생하는 압력분포

그림 5-2 | 원통 미끄럼베어링의 원리

고, 그것이 축에 걸리는 하중 P와 균형을 이루는 것이다. 이 P′라는 기름막 압력의 총합은 O와 O′와의 간격이 다르면 뽈피리의 형상이 다르고 쐐기의 작용이 달라지기 때문에 그것에 따라 역시 달라진다. 그러므로 바꿔 말하면 일정한 하중 P를 받는 베어링 축의 중심 O는, 기름각의 발생 압력의 총합 P′가 마침 P와 크기는 같고, 방향은 정반대가 되는 것과 같은 기름막의 뽈피리꼴을 자연스럽게 만들고 그 위치에서 축은 안정되어 회전한다(기름막의 끝이 넓어지는 부분 CDA는 쐐기가 되지 않기 때문에 무시한다).

그런데 이와 같은 윤활 상태에서 축은 베어링과 유체막으로 완전히 격리되어 있기 때문에 베어링의 마찰은 물론 베어링의 재질의 마찰은 아니며 흡착한 분자막에 의한 경계마찰도 아니다. 그것은 기름의 점성만으로써 결정되는 유체마찰이다. 따라서 이 상태―유체윤활―에서는 마찰계수도 보통 경계마찰계수의 100분의 1 정도이고, 마모는 이론상 전혀 일어나지 않는다. 실제로는 먼지나 표면의 거칠기 등 때문에 약간 상처가 나거나 마모하는 정도이다.

미끄럼베어링의 하중을 지탱하는 원리가 기름막의 뽈피리 형상 여하에 달렸다고 한다면 베어링의 틈새는 단지 축이 베어링의 구멍에 끼이기 위한 그저 적당한 틈새라고는 말할 수 없게 된다. 레이놀즈의 이론은 이 틈새의 유체역학적인 의미를 처음으로 밝힌 것이라고 말할 수 있을 것이다. 당시 이 베어링의 틈새는 그저 적당하게만 고려되어 있었고, 재미있는 것은 앞에서 말한 타워의 논문에서도 베어링의 치수나 기름의 종류는 쓰여 있지만, 현재로는 가장 중요한 치수인 베어링 틈새의 크기는 쓰고 있지 않다. 그 때문에 레이놀즈는 제멋대로 적당한 틈새를 주어 계산했고 그것으로 타워의 실험치와 비교를 하지 않을 수 없었다.

고체의 마찰을 유체의 내부 마찰로 바꿔놓는다는 미끄럼베어링의 원리는 멋있었다. 레이놀즈의 이론은 그 후에도 점점 정밀화하여 완전한 것으로 접근하고 있는데 그동안 윤활유, 베어링의 재질, 그 설계나 공작법의 진보에도 두드러진 것이 있었던 것은 물론이다.

공기베어링과 자기베어링

1896년 미국의 군 관계 전시회에서 당시의 기술자를 놀라게 한 하나의 베어링의 공개 실험이 있었다. 공기를 윤활유 대신 사용한 베어링이다. 킹스베리(A. Kingsbury)의 출품으로 당시 잡지에는 다음과 같은 기사가 실려 있다.

「이 기계는 강철의 짧은 축과 주철의 실린더로 구성되어 있고, 축의 치수는 길이 160㎜, 지름 150㎜, 무게는 약 23㎏이다. 실린더는 수평으로 놓이고 그 안에 건조 상태의 깨끗한 축을 끼운다. 처음 축 끝의 핸들을 돌리면 기름이 없기 때문에 핸들이 무겁고, 더구나 끼익 끼익하는 금속의 삐걱거리는 소리가 들린다. 그러나 회전을 높이면 핸들이 가벼워지고 삐걱거리는 소리가 없어지고 축은 베어링 틈새의 공기막 속에 멋지게 떠오른다. 또 매분 500회전 정도의 속도로 올라갔을 때 손을 떼면 4~5분쯤 회전을 계속한다. 이윽고, 공기막이 얇아져 금속 접촉이 시작되면 불과 몇 회전으로 축이 갑자기 멎는다. 공기막 위에 축이 떠올라 베어링과는 떨어져 있다는 것의 더욱 확실한 증명을 하기 위해서는 벨을 사용할 수도 있다. 축과 베어링을 연결하는 전기회로에 벨을 삽입하여 울리게 해놓고, 축을 회전하면, 공기막이 생긴 순간 벨은 울림을 멈춘다.」

공기를 윤활유 대신으로 사용할 수 있을 것이라는 착상은 1854년에 이미 히른이 이야기했지만, 현실적으로 그것을 증명한 것은 킹스베리이다. 공기의 점도는 기름의 약 100분의 1이기 때문에 공기베어링의 마찰은 매우 작고 기름과 같이 주위를 더럽힐 우려도 없다. 점도가 작기 때문에 큰 하중은 걸 수 없지만 매분 5만 회전이나 10만 회전 정도의 소형 고속연삭기, 고급 자이로의 회전축, 또 오염을 싫어하는 섬유, 식품, 전기 관계 기기 등에 용도를 넓히고 있다.

공기베어링—일반적으로는 기체(氣體)베어링—은 주변에서 장난으로 실험을 해볼 수가 있다. 지름 20㎜ 정도의 주사기는 그대로도 최고의 공기베어링이 된다. 주사기의 피스톤과 실린더를 잘 씻어 충분히 말려서 끼운다. 피스톤 끝을 손가락 끝으로 집고 튕기듯이 돌리면 되는데, 조금만 익숙해지면 매우 가볍게 돌릴 수가 있다. 피스톤 손잡이에 실을 벨트 대신 걸어 소형 전동기로 돌려도 잘 돌아간다. 피스톤에 셀로판테이프 등으로 날개를 5~6개 세우든가, 매일 아이들의 장난감용 풍차를 부착하여 바람을 받아 돌아가게 하는 것도 재미있다. 주사기의 바늘을 꽂는 주둥이를 막아두면 피스톤이 축 방향으로 움직이지 않아 편리하다.

자기지지(磁氣支持) 또는 자기베어링이라는 축을 지탱하는 방법이 있다. 이것은 자기의 인력과 반발력을 이용하고 적당한 제어장치에 의해 축을 안정하게 지탱하는 특수한 베어링 구조이다. 공기베어링은 마찰이 낮다고는 하지만 공기의 점도에 의해 유체역학적으로 축을 지탱하기 때문에 고속에서는 역시 상당한 마찰이 작용하고 공기가 없는 곳에서는 사용할 수가 없다. 우주비행용 로켓의 자이로에 기체베어링을 사용할 수 있는데 이 경우는 액화(液化)한 기체를 봄베에 채워서 가지고 간다. 자기베어링은 유체의 역학적 작용에 전혀 의존하지 않기 때문에 초고속 회전을 얻는 특수 목적이나 진공 내 베어링 등에 이용된다. 초고속 회전에서는 지름 약 0.8㎜의 회전체를 진공 내에서 자기적으로 지지하고, 매초 38.4만 회전을 시킨 기록이 있다. 그 표면의 주속(周速)은 음속의 약 3배(965m/sec)로, 이 초고속 회전의 목적은 이 회전체를 원심력으로 파괴한다는 일종의 재료 강도 실험이다. 외부로부터 동력으로 공기를 압입하는 공기부상 방식(空氣浮上 方式)의 차와 배가 이미 일부 실용화된 것과 공기부상, 자기부상 방식이 더불어 레일 타이어 방식으로 바뀔 장래 고속차량의 지지 방식으로서 기대되고 있는 것은 주지하는 바와 같다.

구름베어링

이상 미끄럼베어링에 관해서 말했지만, 베어링에는 또 하나의 형식이 있다. 구슬이나 굴림대를 굴릴 때의 저항이 일반적으로 미끄러지게 하는 것보다 적은 것으로부터 이들 전동체(轉動體)의 구름을 이용한 베어링이다(그림 5-3). 자전거나 자동차, 전차 등 차축의 베어링에 널리 이용되고 있으므로 구조는 알고 있는 사람이 많을 것으로 생각한다. 안팎 바퀴의 홈에

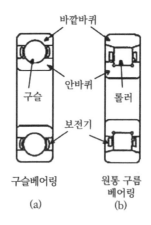

바깥바퀴

안바퀴

구슬

롤러

보전기

구슬베어링
(a)

원통 구름 베어링
(b)

그림 5-3 | 구름베어링의 한 예(단면)

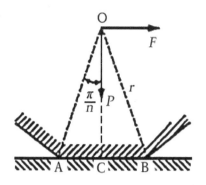

그림 5-4 | 구름마찰의 모형

원형으로 8개 전후의 구슬이나 굴림대를 배치하고 그것들이 서로 충돌하지 않도록 보전기(保全器)라는 링의 포켓에 그 하나씩을 담고 있다. 안바퀴의 구멍에 축을 끼우고, 바깥바퀴를 고정하여 돌리면 홈을 따라 굴러간다. 보통 크롬-탄소강으로 담금질한 단단한 재료로 되어 있다.

구름베어링의 구조는 간단하지만, 구슬이나 굴림대가 굴러갈 때의 마찰 원인이 무엇이냐에 대한 대답은 간단하지 않다. 솔직히 말해서 아직은 잘 모른다. 기름의 점도나 표면장력이 크면 구름의 저항은 증가하고, 마무리된 표면이 거칠면 역시 저항이 늘어난다. 하중을 주어 회전하면 구슬이나 굴림대의 접촉점에 높은 압력이 집중하여 탄성적인 변형을 반복하는데, 그때 재료의 내부 마찰에 의해 에너지가 소비된다. 이것도 구름마찰의 원인이 된다. 구름의 접촉점에 응착현상도 당연히 생기기 때문에 그 응착부의 파단의 힘도 마찰에 들어간다. 요컨대 구름마찰의 원인은 하나가 아니라 여러 가지 원인이 겹쳐서 영향을 미치고 있다고 생각된다.

구름마찰에 대해서는 이미 레오나르도가 마찰의 분류에서 제4의 마찰 (제1마찰은 액체와 액체의, 제2는 고체와 고체의, 제3은 고체와 액체의 마찰)이라 하여 미끄럼마찰과 구별하고 있다. 또 「차 바퀴는 마찰하는 것이 아니라 접촉하는 것이고, 그 전진은 무한히 작은 발걸음이다」라고 규정하고 있다. 이 레오나르도식의 생각에서는 예를 들어 매우 변의 수가 많은 다각주(多角柱)를 굴릴 경우의 저항을 생각하면 굴림대의 구름마찰이 도출된다. 〈그림 5-4〉는 단면이 n변꼴의 다각주인데 지금 무게 P인 굴림대의 중심 O에 화살표 방향의 힘 F를 가해서 굴리면 굴림대가 움직이기 시작할 때의 힘 F_S는

$$F_S \times OC = P \times CB$$

이므로 구름의 정지마찰계수 λ_S는

$$\lambda_S = \frac{F_S}{P}$$

$$= \tan \frac{\pi}{n} ≒ \frac{\pi}{n} \quad \cdots\cdots\cdots \langle 수식\ 5\text{-}3 \rangle$$

한 변의 길이 AB를 일정하다고 하면

$$\lambda_S \propto \frac{1}{r}$$

이 되어 이것은 쿨롱의 실험식 〈수식 2-9〉를 증명한 것이 된다. 운동마찰에서는 무게 P에 저항하여 OB-OC만큼 중심을 들어 올리는 일과, 평균력

F_k로 2CB만큼 굴리는 일이 같다고 생각하면 구름의 운동마찰계수 λ_k는

$$\lambda_k = \frac{F_k}{P}$$

$$= \frac{1}{2} \tan \frac{\pi}{2n} \fallingdotseq \frac{\pi}{4n} \qquad \cdots\cdots\cdots \langle \text{수식 } 5\text{-}4 \rangle$$

가 되고 λ_s의 4분의 1이 된다.

실험 삼아 지름 10㎜인 굴림대의 표면이 공작의 정밀도에서 한 변의 길이가 0.01㎜인 다각형을 이루고 있다고 하면, $n=10^3\pi$가 되기 때문에 $\lambda_S=0.001$, $\lambda_k=0.00025$라는 적당한 값이 나온다.

그러나 전동체의 반지름 크기의 영향이 쿨롱의 마찰 때처럼 간단하지 않다는 것은 2장에서도 설명했다. 천칭의 지점을 자세히 살펴보면 칼날 끝처럼 뾰족한데, 이 지점은 뾰족할수록 천칭의 감도가 좋다. 즉 이 부분의 마찰은 작지만, 이것은 지점의 둥그스레한 반지름이 작을수록 구름마찰이 작다는 것이고 이 의미에서는 구름베어링의 구슬이나 굴림대는 작을수록 회전마찰이 작아진다. 그러나 베어링은 큰 하중을 지탱하여 회전하는 임무를 지니고 있으므로, 작은 전동체에서는 베어링이 약해진다. 결국 같은 하중 아래에서는 수명, 즉 내구성이 저하하기 때문에 전동체의 반지름을 너무 작게 할 수도 없다.

미끄럼마찰을 구름마찰로 바꾸어서 힘이나 동력의 절약을 꾀하는 것은 멀리 기원전부터 암석의 운반 등에 응용되었고 그 상황은 이집트의 벽화 등에 남겨져 있지만 기계 부품으로서 독립된 구름베어링을 고안해 사

용하기 시작한 것은 18세기 후반부터이다.

그리고 1794년에 이르러 본(Phillip Vaughan)이 처음으로 반지름 방향의 하중을 지탱하는 형식으로 볼베어링(〈그림5-3〉의 (a))의 영국 특허를 얻었다. 그 후 여러 가지 개량이 이루어져서 19세기 중엽에는 구름베어링의 발명과 특허가 연달아 나타났다.

롤러베어링은 볼베어링보다 먼저 실용화되었던 것으로 생각된다. 이것은 당시 구슬을 만드는 것보다 굴림대를 만드는 편이 공작상 쉬웠다는 것에서도 상상하기 어렵지 않지만, 기록에서도 엿볼 수가 있다. 1909년 북아메리카의 펜실베이니아주 랭커스터시의 낡은 트리니티교회 풍향계의 분해 수리가 있었다. 그때 그 베어링에 지름 약 32㎜의 구리로 만들어진 굴림대 6개를 배치한 구름베어링이 사용되었던 것이 발견되었다. 더구나 그것에는 같은 구리로 만들어진 보전기가 사용되어 있었다. 이 교회는 놀랍게도 본이 볼베어링의 특허를 딴 것과 같은 1794년에 세워졌던 것이기 때문에 구름베어링은 그 이전에 잘 알려진 상태에 있었던 것으로 생각된다. 보전기—이것은 구름베어링으로서는 역사적인 발명이었는데—의 사용이 언제부터 시작되었는지는 분명하지 않지만, 기록상으로는 역시 이것이 현재 형태의 보전기로서는 가장 오래된 것인 것 같다. 이리하여 이 교회는 구름베어링의 역사에 이름을 남기게 되는데 이 베어링의 설계자는 조선기사(造船技師)로서 유명한 풀턴(Robert Fulton, 1765~1815)이었다는 설이 있다.

이렇게 구름베어링은 독립된 기계 부품으로서 세상에 나타나고부터 약 200년의 역사를 가졌는데, 현재는 작은 것은 바깥지름 1㎜ 남짓(볼을 3개만 넣었다)의 것에서부터 수 미터에 이르는 것까지 제조되고, 사용도가 높은 치수의 것은 국제규격화되어 해마다 용도를 넓혀가고 있다. 마찰계수로서는 운동마찰에서는 미끄럼베어링과 거의 다르지 않지만, 회전을 시작할 때의 정지마찰이 낮은 것이 특징이고 차량 등에 사용하면 기동회전력이 작아지게 되는 이점이 있다.

저마찰 재료의 개발

구름베어링의 윤활유 의존성은 미끄럼베어링만큼 높지는 않지만 기름이 없으면 역시 거의 사용할 수 없다. 그러나 우주용 기기의 베어링을 비롯하여 전혀 기름을 필요로 하지 않는 저마찰 재료가 요망되는 곳이 적지 않았다. 최근에는 PTFE(테플론)라는 0.02 전후의 마찰계수를 갖는 고분자 저마찰 재료가 개발되었고, 2황화몰리브덴, 2황화텅스텐, 산화붕소 등의 이른바 고체 모양(가루 모양)의 윤활제도 연구되고 있다. 한편 이들 가루를 고분자 재료에 혼입한 새로운 저마찰 재료도 급속히 진보하고 있다.

진공 내에서 사용하는 것이 아니더라도 윤활유 없이 사용할 수 있는 이상적인 저마찰 재료, 베어링 재료의 개발은 마찰 관계 기술자의 꿈이다. 현재의 베어링은 미끄럼 형식, 구름 형식 중 어느 기름이라도 사용하면 마찰계수는 1,000분의 2~3이다. 이미 기름 없이도 100분의 2~3이라는 재료는 개발되어 있다. 그러나 마찰계수를 한 단위 더 내리는 것이 앞으로의 과제이다.

철도의 레일은 여름철에는 늘어나기 때문에 이음매를 늘어나는 몫만큼 틈이 생기게 해두는 것이 보통이다. 수백 m나 되는 철교 도리의 신장은 어떻게 처리하고 있을까? 한쪽의 끝을 고정하면 다른 끝은 자유롭게 신축시키지 않으면 신축력으로 고정부가 파괴된다. 그러므로 보통 자유단은 굴림대에 싣든가, 저마찰 재료를 붙인 지점의 받침에 실어서 자유로이 미끄러지게 한다. 고속도로에서도 마찬가지이다. 지주에 걸친 도리의 한끝은 자유롭게 하여 미끄러져 가게 하는 것이 많은데 그 마찰이 크면 고정에 가까운 상태가 되어 위험하다. 기름이 불필요한 저마찰 재료의 개발은 이 방면에서도 큰 공헌을 하고 있다.

마찰이 낮다는 것에 관련하여 마모되지 않는 재료나 마모시키지 않는 기술의 개발도 여러 기계의 성능 향상—고속화, 부하의 가혹화, 내구성의 향상 등의 요구—을 위한 중요한 과제이다. 이것은 성력화(省力化)와 신뢰성 향상에도 연결된다. 그러나 이것은 상당히 어려운 문제이다. 고속차량의 개발은 국제적인 동향이지만 고속열차의 개발에서 먼저 손을 댄 일본의 국영철도가 여러 외국의 이 방면 관계자로부터 가장 많은 질문을 받는 기술 과제가 팬터그래프의 마찰판에 사용할 내마모(耐摩耗) 재료라는 이야기를 듣고 있다.

2. 「큰 마찰」의 세계의 투쟁

마찰의 컨트롤

마찰은 사소한 일로도 커지기도 하고 작아지기도 하는 것이다. 일상생활 속에서도 오늘은 비가 와서 미끄러지기 쉬우니까 주의를 하라든가, 사닥다리를 세울 때는 발판이 미끄러지지 않게 주의하라든가 말하는 것도 마찰의 크기와 관계하고 있다. 또 스포츠 중에서도 스키를 탈 때 오늘의 눈은 왁스가 어렵다든가, 골프의 퍼팅에서 오늘의 잔디는 빠르다든가 느리다든가 하고 말하듯이 어떻든 마찰의 크기는 섬세한 인자의 영향을 받기 쉽다. 줄다리기할 때 아이들은 누구에게서 배우지도 않았는데도 손바닥에 침을 뱉어 손과 밧줄 사이의 미끄럼을 막는 지혜를 가지고 있다. 여름이 와서 전년 가을에 치워두었던 선풍기를 꺼내 쓰기 시작할 때 그 베어링에 몇 방울의 기름을 쳐서 가볍게 회전할 수 있는 상태로 만든다.

이와 같은 일상적인 마찰의 크고 작음을 관리하고 또 선택하는 방법을 의식적, 무의식적으로 이미 상당히 몸에 익히고 있다. 분명히 마찰이 적은 것만으로는 우리의 사회생활은 성립되지 않는다. 우리들의 생활에 걸맞게 필요한 곳에서 마찰을 줄일 뿐만 아니라 필요한 곳에서는 마찰을 늘리는 지혜와 기술이 필요하다.

스피드화와 브레이크

근대 문명, 근대 기술의 상징은 스피드이다. 일찍이 스피드는 항공기의 생명이라고까지 구가되었다. 현재는 스피드화에 필요한 동력은 여러 가지가 많이 개발되었지만, 스피드화를 가로막는 기술적 과제도 적지 않았다. 그 하나는 마찰의 문제였다. 마찰을 줄여 기계의 에너지 손실을 적게 하고, 과열이나 타서 녹아 붙는 것을 방지하는 것은, 스피드화를 위한 무대 뒤의 작업으로서 빼놓을 수 없는 것이었다. 각종 저마찰 재료, 저마찰 윤활유, 저마찰 설계, 고안이 개발되어 스피드화의 기술이 진보했다.

그러나 필자는 이 기회에 여러분에게 꼭 생각해줬으면 하고 바라는 것이 있다. 아니, 여러분에게 말하기 전에 스스로 마찰에 관계하는 한 전문가로서 전부터 크게 반성하고 또 기회 있을 때마다 큰소리로 주장하는 일이 있다. 그것을 다시 한번 말하고 싶다.

그것은 우리가 만든 스피드는 우리가 멈추어야만 한다는 것이다. 뉴턴의 역학에 따르면 일정 속도로 움직이고 있는 물체는 외부로부터 힘을 가하지 않으면 어디까지나 그 일정 속도로 계속해 달려간다. 멈추기 위해서는 제동을 걸어야 한다. 제동에는 유체역학적인 제동, 전기적인 제동, 마찰이라는 기계적인 제동 등 여러 가지 것이 있다. 그러나 처음의 둘은 속도 의존성이 높고, 고속에서는 유효하게 이용할 수 있지만 저속에서는 효과가 없다. 그 때문에 구조의 간단성도 고려하여 현재의 각종 기계, 차량 등은 거의 마찰에 의한 제동장치, 이른바 마찰브레이크를 이용하고 있다. 마찰력은 쿨롱의 법칙에 의해 면적이나 속도와는 관계없이 수직력에만 비례하기 때문에 브레이크를 밟는 힘에 비례한 제동력이 걸린다. 따라서 고속으로부터 저속까지 한결같은 제동력을 만들 수 있어 편리하다. 밟는 힘을 세게 하면 어떤 큰 제동력도 만들 수 있다. 그러므로 강한 제동력을 주어 고속차량 등의 차륜이나 엔진을 순간적으로 멈추게 하는 것은 쉬운 일이다.

그러나 이것도 뉴턴의 역학이 규정하고 있듯이 물체에 작용하는 힘은 그 물체의 질량과 가속도(감속도)를 곱한 값이다. 따라서 급정차(급한 감속)를 하면 차에 타고 있는 사람은 차 안에서 그 사람의 질량과 감속도를 곱한 값의 힘으로 앞으로 던져지고, 차는 그 질량과 감속도를 곱한 값의 힘으로 쑥 미끄러져 나가버린다. 그렇다면 브레이크를 천천히 걸어서 사람이나 차가 내던져지지 않을 만한 적당한 감속도를 주면 되는 것이 아닌가? 그렇다. 현재의 교통기관은 그와 같은 원리 위에서 성립되어 있다. 그리고 그것이 반드시 실행되지 않고 있다는 것은 최근의 고속차량, 자동차 등의 비참한 사고 통계가 가리키는 바와 같다.

마찰브레이크의 필요조건

사실 마찰력은 이해하기 어려운 힘이다. 쿨롱의 법칙이 그 성질의 골격을 규정하기는 했지만, 마찰브레이크에 필요한 제동력의 상세한 관리·설계의 기준으로 삼기에는 너무나 간단한 규정이고 그 점에서는 그다지 도움이 되지 않는 것이다. 마찰브레이크의 안전한 설계, 사용을 위해서는 그 마찰력의 성질로서 적어도 다음과 같은 것이 필요하다.

(1) 마찰계수가 크고 더구나 속도, 하중, 온도가 넓은 범위에서 변화

하지 않을 것.

(2) 마찰의 성질이 시간적으로(주행거리적으로) 안정되어 있을 것.

(3) 마찰력의 요철이 가급적 적을 것.

(1)은 차량이나 차의 넓은 주행 조건에 걸쳐 안정된 제동력을 얻기 위한 기본적인 조건이다. 특히 속도 증가나 고온 때 마찰계수가 저하하는 것은 진동, 마찰음, 제동이 뜻대로 안 되는 것 등의 원인이 된다.

(2)는 위의 성질이 장시간의 사용 후에도 일어나지 않아야 한다는 요구인데 사용 중 심한 온도 상승(보통 500℃ 전후)의 반복 때문에 재질의 변질이 생기는 것을 생각하면 꽤 어려운 문제이다.

(3)은 더욱 엄격한 요구이다. 지금까지 이 문제에는 언급하지 않았지만, 필자 마찰 교실의 실험 데이터(〈표 1-1〉~〈표 1-3〉)에서 이미 볼 수 있었듯이 사실은 일정 하중 아래에서도 마찰력(따라서 마찰계수)은 일정하지 않고 측정 때마다 상당히 들쑥날쑥하다. 그리고 이 들쑥날쑥에는 일정한 법칙성이 있어 마찰계수가 클수록 그 들쑥날쑥이 큰 것이다. 즉 평균 마찰계수를 μ_m, 그 들쑥날쑥을 표준편차 σ로 나타내면, σ/μ_m는 거의 일정하고 필자가 했던 정지마찰계수의 한 실험 결과에 의하면 $\sigma/\mu_m = 0.16$이 된다.

마찰계수가 큰 곳에서 요철이 크다는 것이 고체의 마찰에 고유한 성질이라고 한다면 어쩔 수 없는 일일지 모르지만 곤란한 일이다. 차가 막 정지하려 할 때 정확히 목적한 곳에 세우기 어렵다는 것이 되고 억지로 세우면 때때로 우리가 경험하듯이 덜커덩하고 생각지도 않은 때에 급정지한다.

또 하나 이 마찰력의 요철에서 곤란한 것은 일정한 하중에 대해 유일한 마찰력이 대응하는 것이 아니라 그 평균치가 대응하는 것에 불과하다는 것이기 때문에 자동제동 기술이 각별히 어려워진다는 점이다.

예를 들면 물체를 하늘로 향해 수직으로 던졌을 때는 중력이 일정한 제동력으로서 작용하는 경우에 해당하는 것이기 때문에 물체의 감속 상태도, 물체의 속도가 제로가 되는 높이도 정확히 결정된다. 마찰의 제동력이 그것과 같다면 달리고 있는 철도차량 등 그 중량을 알고 있으면 정착역 앞의 일정한 지점에서 브레이크를 작용시켜 열차를 역구내의 정해진 곳에 딱 멈추게 하는 것을 쉽게 할 수 있을 것이다.

그러나 유감스럽게도 실제로는 마찰브레이크의 제동력은 1회마다 그 평균치의 16% 정도는 커지기도 작아지기도 하는 것이다. 제동 거리는 제동력에 반비례하기 때문에 1km 앞에서 정확히 자동브레이크를 조절해도 때때로 150m 앞에서 서거나, 때로는 200m 앞에서 멎는다. 이래서는 승객이 견딜 수 없기 때문에 이러한 방법으로 자동제동은 할 수가 없다. 최고급의 자동제어 방식이 필요한데 아직은 실용화되어 있지 않다.

우주선의 비행경로나 궤도는 더 많은 힘 관계로써 결정되는 것인데 그 운동을 결정하는 힘 속에 마찰력이 들어 있지 않은 것이 크게 도움이 되고 있다. 그 때문에 역학계산에서 그와 같은 정확한 운동을 예지할 수 있는 것이다. 이 힘의 요철이야말로 마찰력이 보통 힘과 다른 큰 포인트의 하나인 것이다.

감속을 잊은 가속

그럼 다시 이야기를 되돌려보자. 우리가 만들어낸 스피드는 우리가 멈추어야만 한다. 그러나 과연 생각한 것처럼 멈출 수가 있을까? 유감스럽게도 그렇게 되어 있지 않다. 현대과학은 증기동력으로부터 전기동력, 내연기관이나 로켓 등의 석유연료 동력, 나아가서는 원자동력까지 개발하고 자유로이 가속하는 기술을 익혔고 높은 속도를 얻을 수 있게 되었다. SST라 부르는 초음속 여객기는 초속 700m로 날 수가 있고, 우주선에 초속 10㎞ 이상의 지구 탈출속도를 주는 것도 가능하게 되었다.

그러나 이미 잘 알다시피 그 어느 경우도 그러한 속도를 주는 것보다는 감속의 기술이 어려웠었고 더구나 그것은 위험성을 수반하고 있었다. 우리 신변의 수송기관도 고속화하기는 쉽다. 문제는 감속이며 제동이다. 감속과 제동을 잊어버린 가속이야말로 위험하기 더할 바 없고 그 자체가 이미 폭주이다.

신문에 신형차의 광고가 나와 있다. 몇 초에 시속 100㎞에 도달한다는 등으로 캐치프레이즈를 내걸고 있지만 시속 100㎞에서 몇 초면 완전히 정지하는가는 표시하지 않고, 하물며 제동이 확실, 안전하고 정지선을 지키기 쉽다는 것을 캐치프레이즈로는 삼고 있지 않다. 가속은 세일즈 포인트가 되지만 감속은 할 수 없기 때문이다. 이것은 메이커의 자세 문제인 동시에 사용자 태도의 문제이기도 하다.

현재 모든 것이 가속에 가속으로 감속을 잊어버리고 치달고 있는 사태는 단순한 기술의 문제만으로는 그치지 않는다. 다소 문명비평적인 탈

선이 허용된다면 감속과 제동을 잊은 가속은 자본이 공해를 방치하고 이윤만을 추구하고 있는 지금의 사회의 상징이며 반성이 없는 행동에도 연결된다.

자동차의 슬립과 마찰구동의 한계

자동차의 슬립은 브레이크와 관련하여 안전기술상 당면하고 있는 큰 문제이다. 구두의 고무창이 비 오는 날에 미끄러지는 것과 같은 원인이며 타이어와 노면의 접촉면 내에 물, 특히 진흙물이 배수되어 거기에 유체막을 형성하기 때문에 마찰이 낮아져 제동 시에 미끄러지는—hydroplaning이라 부르고 있다—것이다. 이것을 방지하기 위해 어떻게 하면 될까? 운전자는 항상 큰 책임을 져야 하지만 각종 조건 아래서 차량을 안전하게 제동하는 기술의 개발은 기술자의 책임인 동시에 현재의 특수한 사회적 중요성으로 보아서 정치적인 의미도 지니고 있다. 현재는 차륜이 미끄러지면 그것을 멈추는 것이 아니라 거꾸로 제동을 느슨하게 해서 전복을 방지하는 간단한 자동제어법의 개발로 향하고 있는데 이것은 추돌의 위험을 포함하며 일면적인 해결에 불과하다. 타이어 표면에는 진흙물 위에서도 노면과 타이어 사이에 유체막이 생기지 않도록 각종 요철 무늬를 새겨놓고 있지만, 이것만으로는 완전하다고 말할 수 없다.

현재 육상을 달리는 차량은 모두 마찰구동이라는 방식에 입각해 있다. 동력을 차바퀴의 회전력으로 바꾸어 차바퀴와 노면 또는 레일과의 사이의 마찰력으로 차량 자체가 전진하는 방식이다. 이것은 트레비식(R.

Trevithick)의 증기차 이래의 상투적인 방법이다. 이 구동 방식은 마찰이 없으면 성립하지 않고, 비탈길이 너무 가파르거나, 속도가 올라가 공기저항이 커지면 어느 한도 이상에서는 전진구동을 할 수 없게 된다. 이 한도를 이루는 저항력은 자동차나 기관차 나름의 중량에 차바퀴와 노면 또는 레일 사이의 마찰계수를 곱했을 때 나오는 마찰력이다. 현재 이들 마찰계수는 안전을 예측하여 낮게 잡아 설계하고 있지만, 고작 0.3~0.4라는 값이다. 그러므로 기관차나 자동차의 엔진을 아무리 큰 마력으로 해도 미끄러지기 직전 한계마찰력 이상의 견인력은 낼 수 없는 것이다. 차바퀴는 헛돌기만 할 뿐이다.

이렇게 열차가 마찰로써 오를 수 있는 기울기에는 한계가 있다. 이 기울기는 어느 정도일까? 레일과 차바퀴 사이의 마찰계수 μ가 0.3이라고 하면, 빗면에 놓인 물체가 미끄러지기 시작하는 각도 θ와의 관계(〈그림 1-6〉참조)에 의해 $\mu=\tan\theta$이기 때문에 전 차축을 구동하는 동력차라면 $0=16°$ $41'$의 기울기의 비탈까지는 올라갈 수 있을 것이다. 그러나 이런 비탈은 매우 위험하다. 비가 내려서 젖으면 마찰이 떨어지고 기관차의 기름이나 화물차에 실은 생선의 기름 등이 레일에 떨어지기라도 하면 마찰계수는 한 자릿수 정도 내려간다. 더구나 미끄러지기 시작하면 큰일이다. 운동마찰이 정지마찰보다 낮다는 것은 여러 번 말했던 대로이고 미끄러지기 시작하여 뒷걸음질이라도 치기 시작한다면 딱총의 예(〈그림 3-7〉참조)처럼 점점 마찰이 내려가 속도가 늘어날수록 어디까지 가는지 알 수가 없다. 그러므로 충분한 안전율을 고려해야만 한다. 또 기관차가 견인차로서 많은 차량을 끌 경우에는, 오르막에서는 이들 차량의 중량을 끌어올리는 데 견인력을 할애해야 하기 때문에 올라갈 수 있는 기울기는 훨씬 낮아진다. 이래서 신에쓰선우스히(信越線確水)고개의 지금은 폐선이 된 아프트(Aft)식 선로(톱니를 맞물리게 하여 미끄럼을 막는 방식)의 기울기는 1,000분의 66.7(1,000m에서 66.7m를 오르는 기울기)이었는데 지금은 이런 큰 기울기도 (새 선로도 기울기에는 변함이 없다) 동력이나 레일과의 마찰이 큰 신형 기관차 두 대를 열차의 앞뒤에 연결하는 것으로 순수한 마찰구동으로 올라가고 있다. 물론 미끄러질 우려가 있을 때는 레일 위에 모래를 뿌려 마찰계수를 증대하는 등의 대책도 갖추고 있다.

열차는 구동륜에 걸리는 중량에 구동륜과 레일 사이의 마찰계수를 곱한 값만큼의 견인력밖에는 낼 수 없기 때문에, 기관차 한 대로 많은 차량을 끄는 방식에서는 견인력에 한계가 있다. 큰 견인력을 얻기 위해서는 각 차량의 축마다 동력으로 구동하면 전체 열차의 중량을 이용할 수 있기 때문에 유리하다. 신칸센(新幹線) 열차가 전동차 방식을 취해 많은 구동륜을 갖는 방법을 사용하고 있는 이유이다. 그러나 이 방식에 의해서도 열차 속도는 시속 300㎞ 전후인 것이 한계라고 말하고 있다. 그 한계를 주는 하나의 원인은 마찰에 있고 마찰력에 의존하고 있어서는 이 이상 큰 견인력을 얻을 수가 없다. 이미 레일과 차바퀴 사이의 마찰력은 최고 한도로 이용되고 있어 어떻게 하여 레일과 차바퀴 사이의 마찰을 크게 하느냐는 것은 이 방면의 하나의 큰 과제이다. 리니어모터카나, 제트추진차 등이 다음 시대의 고속추진 방식으로서 화제가 되는 것은 이것들이 마찰

구동에 의존하지 않는 방식이기 때문이다.

요컨대 기계의 스피드화는 한편으로는 그 마찰 부분—베어링이나 기어 등—의 마찰을 무한히 저하시키는 기술을 요구하고 다른 한편으로는 그 스피드를 멈추는 크고 균일한 양질의 마찰력을 얻는 기술의 개발을 요구하고 있다. 특히 후자는 스피드화의 기술, 즉 마찰을 저하시키는 기술의 진보에 두드러지게 뒤떨어져 있고, 제운동마찰의 연구나 마찰브레이크의 진보는 장래에 더욱 높아질 스피드화를 보증하는 과학과 기술로서 특별히 큰 의미를 갖는 것이다.

3. 마찰의 이용기술 속의 투쟁

마찰의 적극적 이용

이미 여러 가지 예에서 보아왔듯이 우리는 일상생활 속에서, 스포츠 속에서, 또 기술 면에서, 의식적, 무의식적으로 마찰의 여러 가지 성질을 이용해왔다. 그러나 지금까지의 마찰 기술은 주로 마찰을 작게 하는 것이 목표였다. 베어링 연구는 그 대표적인 것으로 우리는 지금까지 말하자면 마찰을 피하자, 피하자고 하여 마찰로부터 도망쳤다. 윤활유나 마찰 재료의 연구도 거의 이런 방향에서 발전해 왔다고 해도 된다. 앞에서 말한 브레이크용 마찰 재료의 기술 등이 유일한 마찰력의 이용이었다.

우리는 어쨌든 마찰을 위험시 해왔다. 사실 그 위험성의 예로, 전차에 타서 얼굴을 내밀었다 갑자기 차바퀴의 베어링이 연기를 뿜는 것을 보고 놀란 경험을 가진 사람도 적지 않을 것이다. 이것은 대개 베어링이 어떤 원인으로 열을 받아 기름이 탔기 때문이지만 마찰열은 확실히 위험물이다. 빌딩의 화재 시에 창에서 구조로프를 타고 피난하는 경우가 생긴다. 손이나 팔 힘에 자신이 있는 사람이 직접 손으로 로프를 잡고 미끄러져 내려오면 틀림없이 손바닥이 마찰열로 타서 중간에 손을 놓게 된다. 이때 수건 같은 것으로 로프를 감고 그 위를 잡을 필요가 있다. 산불도 우리에게 큰 손해를 끼치지만 이것도 나뭇가지끼리의 마찰열에 의해 발생하는 것이 적지 않다. 우주선이 대기권에 재돌입할 때 공기와의 사이에 마찰열로 불덩이가 되는 것은 뉴스로도 전해지고 귀환한 캡슐 표면이 타서 짓무

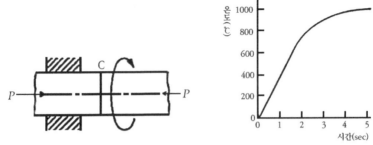

(a)는 둥근 막대와 마찰용접법의 예. (b)는 지름 20㎜의 연철봉의 조합면 중심부의 온도 상승(1,000rpm, 5kg/㎟)

그림 5-5 | 마찰용접법

른 모습을 박물관에서 직접 목격한 사람도 있을 것이다. 초음속 여객기에서조차 공기와의 마찰로 기체나 날개는 섭씨 수백 도로 상승한다. 그러므로 이런 종류의 비행기에서는 재료 강도라는 점에서 알루미늄 합금판의 사용은 이미 한계점에 와 있다.

최근 마찰 연구가 매우 진보하여 마찰의 메커니즘도 꽤 밝혀졌다. 마찰의 크고 작은 메커니즘도 마찰열의 발생 메커니즘으로부터 마찰하는 표면의 온도 상승의 상태도 차츰 알게 되어 우리의 지식도 상당히 풍부해졌다. 이제는 이 마찰이라는 사나운 말도 길들일 수 있을 것 같다. 길들인다는 것은 마찰을 적게 하여 온순하게 하는 것도 하나의 방법이지만, 사나운 말이기에 사나운 그대로 그 거친 점을 이용하는 것이 최고의 묘법이다.

마찰용접, 마찰절삭

러시아(구소련)의 윌이 마찰열을 이용하여 금속을 용접하는 방법을 연구하여 실용화했다(그림 5-5). 보통의 전기용접 또는 가스용접에서는 그림의 C부에 용접봉을 녹여 살붙임을 하여 접속하는데 마찰용접에서는 C부를 눌러 붙인 채로 회전시키기만 하여 용접하는 것이다. C부의 온도가 마찰열 때문에 급속히 상승하여 수초 동안에 1,000℃ 정도의 적열 상태가 되어 용접이 완성되는 것이다. 마찰열이라는 사나운 말을 잘 길들여 이용한 좋은 예이다. 이 방법을 이용하여 특수 재료로 만든 공구나 밸브, 기어 등의 작은 부품을 간단하게 막대나 파이프에 접합하는 것이 이미 실용화되어 있다.

마찰절삭(切削)이라는 기술도 좋은 방법이다. 마찰면의 온도는 금속이 적열할 만큼 올라가는 것이기 때문에 마찰을 계속하면 끝내 금속은 녹게 되는 것이다. 그러므로 얇은 원판을 고속으로 회전하면서 강철 막대기에 눌러 붙여 녹여서 절단할 수 있다. 단단한 재료는 톱이나 칼로는 자르기 어렵다. 그러나 녹여서 절단하는 데는 단단한 것과는 관계가 없다. 다만 녹는점만이 문제가 되기 때문에 이 방법은 특히 단단한 재료의 절단에 위력을 발휘한다. 기계적 활성화의 방법이라 하여 어느 기체와는 반응하기 어려운 재료를 그 기체의 분위기 속에서 절삭하는 것에 의해 그 잘라낸 부스러기를 고온을 이용하여 중합(重合) 등의 반응을 일으키게 할 수도 있다.

압력용접

마찰에 있어서 진실 접촉면의 압력이 매우 높다는 점, 따라서 표면의 오염이 적을 때는 그 부분에 강한 응착이 생기고, 그 부분을 떼어놓는데 그 재료의 유동압력과 같은 정도의 힘을 필요로 한다는 것은 이미 〈그림 4-14〉에서 나타냈다. 깨끗한 금속의 표면은 매우 달라붙기 쉬웠다는 것을 상기하기를 바란다. 마찰용접에서는 접합부의 오염을 고온으로 날려 보내고 다시 적열 상태로 하여 용접의 목적을 달성했다. 그러나 깨끗한 표면이라면 그대로 접촉시키는 것만으로 또 약간의 오염이라면 표면의 소성변형(塑性變形)의 정도를 조금 강하게 하면 오염된 껍질이 벗겨져서 금속의 바탕면이 드러나서 강한 응착, 즉 실온 그대로의 용접이 가능한 것이다. 사실은 이 접촉이 큰 압력으로 재료에 소성변형을 주는 것이

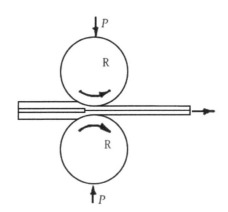

롤러에 2장의 판을 겹쳐 롤러를 통하면 압접되어 나온다

그림 5-6 | 롤러에 의한 입접의 예

오늘날 철판이나 레일, 건축 구조재를 만드는 소성가공의 원리이며, 가공을 쉽게 하기 위해 접촉면에 준 윤활막이 자주 이 변형 때문에 쥐어뜯기면 강한 응착이 생겨서 제품에 흠이 난다. 이 흠이 나지 않도록 윤활기술자는 열성적인 노력을 기울이고 있는데 이 현상을 거꾸로 이용하면 어떨까? 예를 들면 표면을 연삭하고 깨끗하게 씻어서 두 장을 겹치고 롤러 사이를 압력을 주어 통과시킨다. 잘 붙을까 어떨까? 잘 붙는다. 구리나 알루미늄판 등이 달라붙기 쉽지만, 응착이 일어나기 쉬운 재료라면 다른 종류의 금속판이라도 밀착한다. 이러한 베니어식 금속판은 공업상 용도가 많고 무엇보다도 납땜 등을 필요로 하지 않는 간단한 접착 공정이 매력이다. 압접(압력용접)이라고 부르는 새로운 용접법이 이것이다(그림 5-6).

자연의 법칙은 예나 지금이나 조금도 변하지 않는다. 그러나 그것은 역사에 나타난 과학자들의 수백 년에 걸친 개개인의 연구 사슬 위에 조립되고, 차츰차츰 완전한 형태로 체계화돼 가고 있다. 자연의 법칙은 냉엄하고 필연적이며 어떤 것도 또 그 누구도 그 지배에서 벗어날 수 없지만, 이 법칙의 인식이야말로 인간 해방과 자유로 가는 길이다.

마찰의 세계도 과학 세계의 한구석에 있으며 그것을 지배하는 법칙에 대해서는 똑같은 말을 할 수 있다. 레오나르도 이후 마찰이 과학자들의 연구 대상이 되고부터 500년, 마찰의 법칙도 그리고 그 메커니즘의 논리도 겨우 하나의 체계를 갖춰가고 있다. 우리는 큰 마찰, 작은 마찰, 미끄럼마찰, 구름마찰 등 여러 가지 마찰을 그 성질대로 이용할 수 있는 시대의 입구에 다다랐다. 그러나 모든 과학 연구가 그러하듯이 마찰 연구도 점점 더 확장되고 다양화하여 그 궁극은 멀어지기만 할 뿐이다.

필자는 5장에서 작은 마찰 속의 투쟁, 큰 마찰 속의 투쟁, 그리고 마찰의 응용을 위한 투쟁의 세 가지 투쟁에 대해 설명했지만, 마지막으로 또 한 가지 잊어서는 안 될 투쟁이 있다는 것, 그것은 마찰—이 기묘한 현상, 이 기묘한 힘—의 본질을 추구하는 과학자들의 투쟁인 것을 덧붙여 둔다.

후기

마찰은 일상생활이나 기술 세계의 어디에나 뒹굴고 있는 평범한 현상이다. 지진, 천둥의 내습처럼 갑자기 마찰이 제로가 되거나 커져서 우리의 생활을 위협할 우려는 없다. 마찰현상은 너무나도 일상화되어 잊고 있는 듯하다.

이 책의 집필에 있어서 필자는 거의 잊고 있는 마찰이라는 현상을 여러분이 가까이 느껴주고 또 친근감을 가져주었으면 하고 바란다. 그 때문에 이 책에서는 마찰현상이나 그 원리를 「해설」하기보다도 그것을 되도록 「그림」으로 그리고 싶다고 생각했다. 만약 여러분이 마찰현상에 대해 조금이라도 흥미를 느낀다면 그 뒤는 자력으로 공부하면 되리라고 생각하기 때문이다.

필자는 독자, 특히 젊은 독자나 학생과 무릎을 맞대고 즐겁게 마찰 이야기를 나누는 기분으로 펜을 들었다. 잡담이나 다소 딱딱한 이야기 사이에 때로는 함께 실험을 하고, 때로는 공개 실험을 제시하며, 또 잠시는 마찰법칙의 역사에 대한 필자의 생각을 지저분한 메모를 넘겨 가면서 이야기했다. 이런 이유로 이른바 마찰현상의 원리를 자세히 해설한다는 의미에서는 독자에 따라서 불만이 남을 것으로 생각한다. 그런 사람에게는 다른 책, 예를 들면 필자의 『마찰과 윤활』, 『베어링』 등이 약간은 도움이 될 지도 모른다.

도서목록
- 현대과학신서 -

도서목록
- BLUE BACKS -